碳纤维增强复合材料-混凝土界面耐久性研究

张家玮　刘生纬　著

国家自然科学基金地区科学基金项目(52068043)
兰州市科技计划项目(2018-1-18)　　　　　　　　　联合资助
兰州市人才创新创业项目(2019-RC-78)

科学出版社
北京

内 容 简 介

纤维增强复合材料(FRP)片材与混凝土界面的性能是纤维片材加固技术的关键，而 FRP 与结构基体界面耐久性问题是评估 FRP 加固混凝土结构耐久性的关键。本书主要内容包括：碳纤维增强复合材料(CFRP)耐久性研究；硫酸盐环境下、冻融循环作用下和不同应力水平下 CFRP-混凝土界面黏结性能试验研究；CFRP-混凝土界面承载力模型研究；CFRP-混凝土界面黏结-滑移模型研究。

本书可供土木工程、道路与桥梁工程、工程力学等专业的本科生和研究生，以及桥梁工程、工业与民用建筑、工程力学、固体力学等领域的研究人员和技术人员参考。

图书在版编目（CIP）数据

碳纤维增强复合材料-混凝土界面耐久性研究/张家玮，刘生纬著．—北京：科学出版社，2022.1
ISBN 978-7-03-068602-2

Ⅰ．①碳… Ⅱ．①张…②刘… Ⅲ．①碳纤维增强复合材料-混凝土-界面结构-耐用性-研究 Ⅳ．①TU528.572

中国版本图书馆 CIP 数据核字（2021）第 067006 号

责任编辑：杨 丹／责任校对：杨 赛
责任印制：张 伟／封面设计：陈 敬

科 学 出 版 社 出版
北京东黄城根北街 16 号
邮政编码：100717
http://www.sciencep.com
北京凌奇印刷有限责任公司 印刷
科学出版社发行 各地新华书店经销
*
2022 年 1 月第 一 版 开本：720×1000 1/16
2022 年 4 月第二次印刷 印张：13
字数：260 000
定价：110.00 元
（如有印装质量问题，我社负责调换）

前　言

　　混凝土结构具有承重、耐火、耐久、经济适用、易于成型等优点，是当今世界上用途最广、用量最大的建筑结构形式。随着使用年限的增长，既有混凝土结构在各种使用荷载及侵蚀环境作用下，相继出现了严重的老化和病害问题，影响了建筑物的正常使用。由于经济原因和社会原因等，出现这些状况的混凝土结构往往不便拆除重建，通常是经过严格的鉴定和评定，在技术可行、经济合理的情况下进行维修和加固。

　　纤维增强复合材料(FRP)片材加固混凝土结构技术的研究和工程应用是以1994 年美国洛杉矶北岭地震和 1995 年日本阪神大地震为契机，陆续在北美和日本等地区展开的。我国于 1997 年开始对 FRP 片材加固混凝土构件的技术开展研究，并于 1998 年应用于建筑物的加固补强工程中。此后 FRP 从纤维片材不断发展为 FRP 板、FRP 筋、FRP 网络、FRP 型材等多种形式，各类 FRP 制品成为提高结构抗震性能、使用性能，以及承载力加固和改造的重要手段。构成 FRP 的纤维种类也从初期的碳纤维发展到玄武岩纤维、芳纶纤维、玻璃纤维等。在研究人员的不懈努力下，FRP 作为新建结构的形式和应用方法正在不断丰富及完善，产生了一系列高效的 FRP 结构形式。此外，FRP 在新建结构中除实现结构性能提升外，还具有一些特殊性能，如无磁性、绝缘性等。总而言之，FRP 在工程结构的建造与加固中将发挥越来越重要的作用。

　　用 FRP 片材加固混凝土结构成功与否主要取决于纤维片材与混凝土之间黏结性能的优劣，即纤维片材与混凝土的界面性能是纤维片材加固技术的关键，在荷载和恶劣环境耦合作用下 FRP 增强混凝土结构界面黏结性能将更容易退化，因此 FRP 与结构基体界面耐久性问题成为评估 FRP 加固混凝土结构耐久性的关键。以往盐类侵蚀的研究，主要集中在东部海水(以氯盐为主)环境下对 FRP-混凝土界面黏结性能的影响，而缺少硫酸盐溶液侵蚀下的研究。就盐类侵蚀作用而言，氯盐主要腐蚀钢筋，而硫酸盐主要与混凝土起物理、化学作用，硫酸盐对 FRP-混凝土界面的侵蚀劣化较氯盐更大。在我国西部地区，内陆盐渍土和盐湖的硫酸盐浓度相当高，盐湖的主要腐蚀离子浓度是海水的 5～10 倍，而硫酸盐对混凝土结构的腐蚀属于强腐蚀。因此，硫酸盐环境下 FRP-混凝土界面黏结性能退化规律及劣化机理，成为西部地区盐渍土及盐湖环境下 FRP 加固混凝土结构亟须解决的科学问题。

　　本书总结了作者关于硫酸盐环境下 CFRP-混凝土界面耐久性研究的相关成果，全书共 7 章，第 1 章主要介绍 FRP-混凝土界面黏结性能试验研究和理论研究进展，以及 FRP-混凝土界面耐久性研究现状；第 2 章通过拉伸试验对 CFRP 片材耐久性进行研究，试验结果表明 CFRP 片材以其优异的力学性能可以很好地应用于侵蚀环境中加固混凝土结构；第 3~5 章采用双面剪切试件，对硫酸盐环境下、冻融循环作用下、不同应力水平下的 CFRP-混凝土界面黏结性能进行试验研究；第 6 章和第 7 章在此基础上，建立考虑不同侵蚀环境影响的界面承载力模型及 CFRP-混凝土界面黏结-滑移模型。

　　本书的出版得到国家自然科学基金地区科学基金项目(52068043)、兰州市科技计划项目(2018-1-18)和兰州市人才创新创业项目(2019-RC-78)的资助。

　　本书内容是作者及课题组共同完成的研究成果。第 1~5 章由张家玮撰写，第 6、7 章由刘生纬撰写，张家玮负责全书的统稿工作。撰写本书过程中，得到了吴亚平教授、赵建昌教授、霍曼琳教授、张粉芹教授、靳文强副教授等的帮助，在此深表谢意！李行、刘合敏、李朋亚、张迪、李凯、刘润东、张香岩、孙琳、罗方余、邵利君等硕士研究生参与了本书相关研究和内容整理工作，向他们表示感谢。

　　碳纤维增强复合材料在土木工程中的应用涉及问题很多且较为复杂，尚有许多问题亟待完善。希望本书能起到抛砖引玉的作用，推动 CFRP 在土木工程领域中的应用研究。

　　由于作者水平所限，书中难免有疏漏及不足之处，敬请读者批评指正。

作　者

2021 年 9 月

于兰州交通大学

目　　录

前言

第1章　绪论 ………………………………………………………………… 1

　1.1　研究背景与意义 ………………………………………………………… 1

　1.2　FRP-混凝土界面黏结性能试验研究及理论研究进展 …………………… 2

　　1.2.1　FRP-混凝土界面黏结性能试验研究进展 ………………………… 3

　　1.2.2　FRP-混凝土界面黏结性能理论研究进展 ………………………… 6

　1.3　FRP-混凝土界面耐久性研究进展 ……………………………………… 7

　　1.3.1　FRP 和黏结树脂 …………………………………………………… 8

　　1.3.2　黏结树脂与混凝土相互作用区 …………………………………… 10

　　1.3.3　混凝土基体在硫酸盐环境下的耐久性 …………………………… 13

　1.4　本书主要内容 …………………………………………………………… 15

第2章　CFRP 耐久性试验研究 ………………………………………… 17

　2.1　试验概述 ………………………………………………………………… 17

　　2.1.1　CFRP 试件设计与制作 …………………………………………… 17

　　2.1.2　试验方法 …………………………………………………………… 20

　　2.1.3　试验环境与试验设计 ……………………………………………… 21

　2.2　室温下 CFRP 的纵向受拉性能 ………………………………………… 22

　2.3　硫酸盐持续浸泡作用下 CFRP 的纵向受拉性能 ……………………… 23

　2.4　硫酸盐干湿循环作用下 CFRP 的纵向受拉性能 ……………………… 26

　2.5　冻融循环作用下 CFRP 的纵向受拉性能 ……………………………… 29

　　2.5.1　清水冻融循环作用对 CFRP 纵向受拉性能的影响 ……………… 29

　　2.5.2　硫酸盐冻融循环作用对 CFRP 纵向受拉性能的影响 …………… 32

　2.6　不同应力水平下 CFRP 的纵向受拉性能 ……………………………… 35

　　2.6.1　室温环境下 CFRP 拉伸试验 ……………………………………… 35

　　2.6.2　硫酸盐干湿循环作用对 CFRP 纵向受拉性能的影响 …………… 36

　2.7　本章小结 ………………………………………………………………… 38

第3章　硫酸盐环境下 CFRP-混凝土界面黏结性能试验研究 ………… 39

　3.1　试验概述 ………………………………………………………………… 39

3.1.1　试验材料 ··· 39

3.1.2　试验环境 ··· 42

3.1.3　加载装置 ··· 42

3.1.4　测试内容与测试原理 ····································· 43

3.2　室温下的试验结果 ··· 44

3.2.1　破坏过程及破坏形态分析 ································ 44

3.2.2　极限承载力变化规律 ····································· 45

3.2.3　应变分布规律 ··· 47

3.2.4　有效黏结长度 ··· 49

3.2.5　界面剪应力分布规律 ····································· 51

3.3　硫酸盐持续浸泡作用下的试验结果 ····························· 53

3.3.1　破坏过程及破坏形态分析 ································ 53

3.3.2　极限承载力变化规律 ····································· 55

3.3.3　应变分布规律 ··· 59

3.3.4　有效黏结长度 ··· 63

3.3.5　界面剪应力分布规律 ····································· 66

3.4　硫酸盐干湿循环作用下的试验结果 ····························· 70

3.4.1　破坏过程及破坏形态分析 ································ 70

3.4.2　极限承载力变化规律 ····································· 72

3.4.3　应变分布规律 ··· 76

3.4.4　有效黏结长度 ··· 80

3.4.5　界面剪应力分布规律 ····································· 84

3.5　硫酸盐侵蚀作用下 CFRP-混凝土界面劣化机理 ··············· 88

3.6　本章小结 ··· 89

第4章　冻融循环作用下 CFRP-混凝土界面黏结性能试验研究 ··· 91

4.1　试验概述 ··· 91

4.2　室温下的试验结果 ··· 91

4.3　清水冻融循环作用下的试验结果 ································· 93

4.3.1　破坏过程及破坏形态分析 ································ 93

4.3.2　极限承载力变化规律 ····································· 94

4.3.3　应变分布规律 ··· 97

4.4　硫酸盐冻融循环作用下的试验结果 ····························· 99

4.4.1　破坏过程及破坏形态分析 ································ 99

4.4.2　极限承载力变化规律 ····································· 100

4.4.3　应变分布规律 ··· 103

4.5　有效黏结长度 ··105
4.6　界面剪应力分布规律 ··110
4.7　本章小结 ··113
第5章　不同应力水平下CFRP-混凝土界面黏结性能试验研究 ·······115
5.1　试验概述 ··115
5.2　破坏过程及破坏形态分析 ···································115
5.3　极限承载力变化规律 ··117
5.4　应变分布规律 ···120
5.5　有效黏结长度 ···123
5.6　界面剪应力分布规律 ··124
5.7　本章小结 ··128
第6章　CFRP-混凝土界面承载力模型研究 ····················130
6.1　承载力模型 ··130
6.2　硫酸盐持续浸泡作用下界面承载力模型 ···················132
6.2.1　界面承载力随侵蚀时间的变化 ························132
6.2.2　水胶比对承载力综合影响系数的影响 ·················133
6.2.3　粉煤灰掺量对承载力综合影响系数的影响 ············134
6.2.4　硫酸盐浓度对承载力综合影响系数的影响 ············134
6.2.5　界面承载力模型 ····································136
6.2.6　预测模型结果与试验结果的对比分析 ················137
6.3　硫酸盐干湿循环作用下界面承载力模型 ···················137
6.3.1　界面承载力随侵蚀时间的变化 ························137
6.3.2　水胶比对承载力综合影响系数的影响 ·················138
6.3.3　粉煤灰掺量对承载力综合影响系数的影响 ············138
6.3.4　硫酸盐浓度对承载力综合影响系数的影响 ············140
6.3.5　界面承载力模型 ····································140
6.3.6　预测模型结果与试验结果的对比分析 ················141
6.4　硫酸盐冻融循环作用下界面承载力模型 ···················142
6.4.1　界面承载力随冻融循环次数的变化规律 ··············142
6.4.2　预测模型结果与试验结果的对比分析 ················143
6.5　不同应力水平下界面承载力模型 ··························144
6.5.1　界面承载力随干湿循环时间的变化规律 ··············144
6.5.2　持载水平对承载力综合影响系数的影响 ··············144
6.5.3　界面承载力模型 ····································145
6.5.4　预测模型结果与试验结果的对比分析 ················145

6.6 本章小结 ……………………………………………………………… 146
第 7 章 CFRP-混凝土界面黏结-滑移模型研究 ……………………………… 147
7.1 黏结-滑移曲线的获取 ……………………………………………… 147
7.1.1 室温下界面黏结-滑移曲线 ………………………………… 148
7.1.2 硫酸盐持续浸泡作用下界面黏结-滑移曲线 …………… 149
7.1.3 硫酸盐干湿循环作用下界面黏结-滑移曲线 …………… 151
7.1.4 冻融循环作用下的界面黏结-滑移曲线 ………………… 153
7.2 CFRP-混凝土界面黏结-滑移模型 ……………………………… 155
7.3 硫酸盐环境下界面黏结-滑移模型 ……………………………… 159
7.3.1 硫酸盐持续浸泡作用下界面黏结-滑移模型 …………… 161
7.3.2 硫酸盐干湿循环作用下界面黏结-滑移模型 …………… 171
7.3.3 硫酸盐冻融循环作用下界面黏结-滑移模型 …………… 180
7.3.4 不同应力水平下界面黏结-滑移模型 …………………… 183
7.4 本章小结 ……………………………………………………………… 188
参考文献 ……………………………………………………………………… 189

第1章 绪 论

1.1 研究背景与意义

纤维增强复合材料(fiber reinforced polymer，FRP)加固混凝土结构是通过树脂胶将 FRP 粘贴在混凝土构件的外表面，使两种材料协同受力，从而提高混凝土构件的承载能力。FRP 最早应用于军工和航空航天领域，在土木工程领域的应用则始于 1981 年。瑞士联邦材料实验室的 Meier 通过粘贴碳纤维增强复合材料(carbon fiber reinforced polymer，CFRP)片材技术，加固了 Ebach 桥[1-2]。近年来，FRP 因其高比强度(抗拉强度与材料表观密度之比)、耐腐蚀、抗疲劳和施工便捷等优点[3-5]在土木工程领域中得到了广泛的应用[6-9]，成为国内外研究热点。

FRP 片材加固混凝土结构的成功与否主要取决于纤维片材与混凝土界面黏结性能的优劣，纤维片材与混凝土界面的黏结性能是纤维片材加固技术的关键所在。在实际工程中，许多经 FRP 加固的混凝土构件常暴露于恶劣环境下，如冻融循环、干湿循环、盐类腐蚀、紫外线老化、湿热等环境。随着侵蚀时间的增加，界面的黏结性能势必会出现退化，使得加固构件的承载力降低[10-17]。因此 FRP-混凝土界面耐久性成为评估 FRP 加固混凝土结构耐久性的关键。

从国内外研究可以看出，近些年来关于 FRP-混凝土界面耐久性方面的研究工作已开展得比较深入，研究内容主要涉及 FRP-混凝土界面在水环境、冻融循环、干湿循环、酸碱溶液等环境下的耐久性，获得了大量试验数据与有益的结论。以往盐类侵蚀的研究主要集中在东部海水(以氯盐为主)环境下对 FRP-混凝土界面的黏结性能的影响，对于硫酸盐环境下界面黏结性能的研究相对较少。就盐类侵蚀作用而言，氯盐主要腐蚀钢筋，硫酸盐主要是与混凝土起物理、化学作用，因此硫酸盐对 FRP-混凝土界面的侵蚀劣化较氯盐更为严重。

我国西部盐渍土和盐湖地区存在较高浓度的硫酸盐腐蚀介质。例如，青海省的察尔汗盐湖，SO_4^{2-} 浓度达 6.23g/L，其周围分布的超重盐渍土中的 SO_4^{2-} 浓度也达到了 4.2g/L[18-19]；新疆库尔勒地区地下水中的硫酸盐浓度高达 20236mg/L[20]。八盘峡水电站平洞内地下水 SO_4^{2-} 含量达 6000～15000mg/L，对该平洞的混凝土底板和衬砌造成了严重的腐蚀[21]。在察尔汗盐湖地面放置的混凝土试件，仅三个月的时间就皆崩解为碎石、土的混合物[22]。而且西部地区的气候条件十分恶劣，干燥、炎热、温差大、干湿循环等恶劣环境条件会造成 FRP-混凝土界面黏结性能的劣化,而硫酸盐会进一步侵蚀混凝土及 FRP-混凝土界面,使得整体结构承载能力下降和耐久性降低,图 1.1 为混凝土桥梁硫酸盐侵蚀破坏图。西部硫酸盐侵蚀环境下 FRP-混凝土界面黏结性能退化规律和劣化机理,已成为西部地区盐渍土及盐湖环境下 FRP 加固混凝土结构必须要解决的科学问题。

图 1.1　混凝土桥梁硫酸盐侵蚀破坏图

现阶段的研究认为界面黏结性能主要受混凝土强度、黏结长度、FRP 片材刚度、FRP 与混凝土宽度比、胶层的强度和刚度等五个方面的影响,已有的黏结-滑移本构关系及剥离承载力模型或多或少包含这几方面的影响。硫酸盐环境对混凝土具有强烈的侵蚀作用,引起混凝土力学性能的下降,进而引起 FRP-混凝土界面破坏形态、承载力、黏结-滑移关系等发生较大变化,现有的界面力学模型(界面承载力模型、黏结-滑移本构关系模型)将不再适用。若能在界面力学模型中将这些参数的权重和变异均考虑进来,则能反映实际工程所处环境,对在硫酸盐环境下应用 FRP 加固混凝土结构提供理论依据。

因此系统地研究硫酸盐环境下 FRP-混凝土界面的耐久性,全面分析界面黏结性能的退化规律和劣化机理,通过试验结果的分析建立界面黏结性能的退化模型,对于指导 FRP 加固混凝土结构的耐久性设计具有重要意义。

1.2　FRP-混凝土界面黏结性能试验研究及理论研究进展

实际工程中,FRP-混凝土界面黏结性能的下降或界面的剥离破坏是 FRP 加固混凝土结构承载力丧失的主要原因。因此,FRP 与混凝土之间良好的黏结性能是保证两种材料共同受力和变形的基础。目前,国内外学者通过试验研究、理论研究或试验研究和理论研究相结合的方法对 FRP-混凝土界面的黏结性能方面做了大量工作。

1.2.1　FRP-混凝土界面黏结性能试验研究进展

目前，关于 FRP-混凝土界面黏结性能的试验方法主要有：正拉试验[23-24]、单剪试验[25-27]、双剪试验[28-34]、梁式试验[35-41]，示意图如图 1.2 所示。

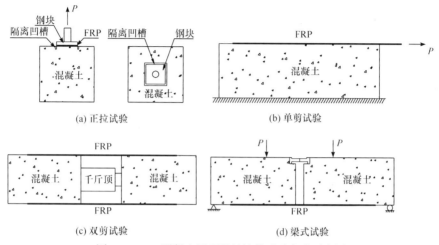

图 1.2　FRP-混凝土界面黏结性能试验方法示意图

正拉试验主要用于研究黏结界面的正拉黏结强度，而其余三个试验方法主要用于研究界面受剪黏结性能。梁式试验的试件一般有两种形式，即通过在混凝土试件中部预留裂缝粘贴 FRP 或把两个相同的混凝土试件在顶部设置铰接、下部粘贴 FRP。梁式试验加载初期，黏结界面在一个水平面上，界面只受剪力，但随着界面变形的增加，加固梁中部出现向下的位移，使黏结界面不能保证在一个平面内，界面出现指向混凝土一侧的正应力，对加载后期的试验结果影响较大。单剪试验在加载过程中很难保证试件黏结界面与受力在一个水平面上，容易出现偏心加载，使得黏结界面上出现较大正应力，而且偏心加载对界面黏结强度有较大影响[33]。为此，有研究者对原有加载装置进行了改进[42-43]，一定程度上改善了试件在加载过程中偏心的情况。双剪试验的加载方案一般可分为两种，即通过在两个试件中间布置的千斤顶对试件施加荷载的直接加载方案[44]和通过预埋钢筋或设计反力架对试件施加荷载的间接加载方案[45-50]。直接加载方案由于放置于两个混凝土试件中间的千斤顶不能均匀连续地施加荷载，很难准确获得剥离阶段界面的荷载-滑移曲线。通过在混凝土试件中预埋钢筋的间接加载方式，虽能通过特制的模具使传力钢筋在一条线上，但试件制作工艺过于繁琐。通过反力架对试件加载虽操作简单，但加载过程中反力架易产生弯矩，影响试验结果的准确性。陆新征[45]通过在反力架的端头安装万向铰很好地避免了加载过程中偏心引起的弯矩。

一般认为，经 FRP 增强的混凝土结构，黏结界面通常提供剪应力来提高构件的承载力。例如，采用 FRP 增强混凝土梁的抗弯能力时，界面通过传递剪应力使梁底或梁顶负弯矩区的 FRP 受拉，承担部分弯矩，提高加固构件的抗弯承载力；在对混凝土梁进行受剪加固时，同样是黏结界面提供剪应力使粘贴在混凝土梁两侧的 FRP 承受拉力，抵消截面处的部分剪应力。在实际加固工程中，通常 FRP-混凝土界面不会承受正应力，即使在一些特殊情况下界面出现正应力(如在混凝土梁的抗弯加固中，FRP 端部因界面截断而出现刚度突变；混凝土梁抗剪加固中，斜向裂缝会使粘贴在梁两侧的 FRP 发生错动而产生正应力)，也可以通过布置"U"型箍、压条以及机械锚固等措施来避免黏结界面出现指向界面外侧的正应力。因此，FRP-混凝土界面的受剪性能是研究的重点[51]。

van Gemert[28]和 Swamy 等[29]通过双剪试验对钢板与混凝土界面的黏结性能进行了研究，Kobatake 等[30]、Chajes 等[31,52]、Neubauer 等[32]和任慧韬[34]采用类似的试验方法对 FRP-混凝土界面的力学性能进行了研究。

杨勇新等[24]设计了正拉、推剪、拉剪、弯拉四种受力状态下的黏结性能试验，对不同受力状态下 CFRP-混凝土界面应力的变化和分布规律进行了研究，对 CFRP-混凝土界面的黏结机理进行了初步描述。

Sharma 等[25]通过单剪试验对 FRP 粘贴长度对界面性能的影响进行了研究。试验结果表明，当 FRP 粘贴长度超过一定值后界面承载力不会随着黏结长度的增加而继续增加，据此引入了"有效黏结长度"的概念，即黏结长度超过有效黏结长度后界面承载力将不再增加；同时指出 FRP 的刚度、宽度以及混凝土强度均对有效黏结长度有一定的影响。

曹双寅等[53]和施嘉伟等[54-55]通过 JSCE 试验规程推荐的改进双剪切试验，采用数字图像相关技术进行界面变形场的测试，并对实验数据进行平滑处理，研究了界面正常环境及冻融循环作用下的黏结-滑移本构关系。结果表明，Dai 模型[56]与实验数据较符合，并据此给出了界面承载力表达及黏结-滑移曲线参数。

张明武等[57]采用梁式试验，研究了 FRP 增强混凝土梁的界面破坏机理，得到了 FRP 最小锚固长度的计算公式，并提出了防止界面过早破坏的具体处理措施。

李可等[58]基于梁式试验方法，设计了四种试验方案，通过试验研究和有限元模拟对界面黏结性能进行了研究，研究表明通过在梁体的顶部设置钢铰使梁体顶部仅承受压力，底部用 FRP 粘贴连接只承受拉力的试验方案能够很好地观测 FRP 剥离的发展过程和研究黏结界面的黏结-滑移关系。

郭樟根等[59]采用修正梁试验，对 FRP-混凝土界面的黏结性能进行了研究，探讨了混凝土强度和 FRP 黏结长度变化对界面黏结性能的影响，分析了各级荷载下 FRP 应变和拉应力沿黏结长度的分布规律。通过差分计算得到了黏结界面局部剪应力发展规律，给出了界面峰值剪应力及其对应滑移量的取值方法。通过对试验结果的统计回归分析,提出了对数模型、Popovics 模型和双线性模型三种黏结-滑移本构关系模型,并对不同黏结-滑移本构关系模型的特点进行了比较分析。

谢建和等[60]对三点弯曲荷载作用下 FRP 加固钢筋混凝土梁进行了研究,分析了中部弯曲裂缝对界面黏结性能的影响和黏结界面软化行为。通过黏结-滑移双线性模型,给出了混凝土梁弯曲裂缝间界面剪应力的计算公式,同时对梁底裂缝间距对界面剥离承载力的影响进行了分析,结果表明 FRP 加固梁的剥离承载力会随裂缝间距的增大而降低。

徐涛等[61]对 FRP-混凝土界面的黏结性能进行了研究,清晰地再现了拉伸荷载作用下试件的三维破裂过程,界面的剥离破坏是一个由细观损伤不断产生积累而形成宏观裂缝的渐进过程。

姚谏等[33]的试验结果表明,界面破坏形式主要有两种:界面剥离破坏和混凝土拉剪破坏,其中界面剥离破坏为理想破坏形式,在实际工程中可以通过降低支座高度来保证界面剥离破坏。

Dai 等[56]采用剪切试验,通过对加载端荷载-滑移曲线分析,建立了黏结长度大于有效黏结长度时的界面黏结-滑移模型,并给出了界面断裂能、有效黏结长度、界面峰值剪应力及其对应的滑移量的计算方法。Zhou 等[62]在 Dai 模型的基础上,对 CFRP-混凝土界面黏结长度小于有效黏结长度的情况进行了研究,通过理论推导,提出了新的黏结-滑移模型,该模型可以很好地预测界面黏结长度小于有效黏结长度时界面的受力情况。

Carrara 等[63]采用单面剪切试验,通过以位移控制的加载过程,对碳纤维板与混凝土黏结界面的剥离行为和剥离过程做了详细分析和研究,绘制了剥离全过程的荷载-位移曲线,其中包括加载后期的回弹部分,同时指出界面黏结长度对黏结界面的破坏模式和界面黏结强度影响较大。

Yuan 等[64]采用单剪试验,通过引入双线性黏结-滑移模型,对不同加载阶段界面剪应力分布和荷载位移关系表达式进行了推导,并分析了界面参数对界面断裂能和黏结-滑移关系的影响。详细讨论了界面剥离过程,并将分析结果与试验数据进行了比较。最后,通过解析解的结果分析了界面黏结长度和 FRP 的刚度对 FRP-混凝土界面黏结性能的影响。Diab 等[65]在双面剪切试验的基础上,给出了 FRP-混凝土界面极限承载力、断裂能、有效黏结长度的计算方法。

Wang[66]采用梁式试验,对由中间裂缝导致的 FRP 加固混凝土梁的界面剥离行为进行了分析,通过三种不同的黏结-滑移模型(双线性模型、三角形模型和线性损伤模型)对整个剥离过程进行了描述。

彭晖等[67]以嵌贴 CFRP-混凝土黏结的冻融耐久性为研究对象,通过拔出试验考察了冻融循环作用下嵌贴 FRP 与具有不同强度或抗冻性能混凝土的黏结性能,试验结果表明:冻融循环作用下普通 C30 混凝土力学性能退化显著,添加引气防冻剂和减水剂的 C30 混凝土强度下降显著小于普通 C30 混凝土，C60 混凝土强度反而有所提高。

尹润平等[68]对 5 根钢筋混凝土梁拉区粘贴 CFRP、压区粘贴角钢进行了试验研究，分析了不同受荷条件及损伤程度对 CFRP-混凝土界面黏结-滑移性能的影响。结果表明：无损加固梁的极限黏结应力较卸荷加固梁以及持荷加固梁都有所提高。相同损伤条件下，持荷加固梁较卸荷加固梁的极限黏结应力最大提高 22.9%。说明试验梁受损情况及受荷条件对 CFRP-混凝土界面黏结-滑移性能影响较大。

宋小软等[69]通过 6 种类型的复合试件，研究了混凝土强度、混凝土种类及复合水泥板厚度等因素对玄武岩纤维增强复合材料(basalt fiber reinforced polymer, BFRP)增强复合水泥板与混凝土界面黏结性能的影响。结果表明：随着混凝土强度的提高，复合试件的界面黏结强度明显增强，并且复合试件表现出更为显著的塑性变形特征；随着 BFRP 增强复合水泥板厚度的增大，复合试件的界面黏结强度有明显提高，但当复合水泥的厚度超过一定范围后，复合试件的破坏形式由塑性破坏转变为脆性破坏。

从现有 FRP-混凝土界面的研究来看，国内外学者通过面内剪切试验研究了 FRP 黏结长度、胶层刚度、FRP 与混凝土宽度比等参数对界面力学性能(黏结强度、界面剪应力、界面相对滑移量)的影响，得到了许多有益的结论。从试验方法来看，尽管不同研究者采用的试验方法各有不同，但不同面内剪切试验方法对应的界面传力机理基本相同[49]，其中单剪和双剪试验由于其传力明确、试验操作简便是目前最为常用的试验方法[50]。

1.2.2 FRP-混凝土界面黏结性能理论研究进展

在大量试验和理论研究的基础上，国内外研究者提出了一些界面力学模型，主要包括界面承载力模型和界面黏结-滑移本构关系模型。其中，界面承载力模型主要反映黏结界面的宏观力学行为，用于预测界面极限承载力；黏结-滑移本构关系模型能够全面反映界面剪应力随滑移量变化的整个过程，在此基础上可以给出界面剥离破坏过程中界面的应力变化。

陆新征等[47,70]采用细观单元有限元模型，对 FRP-混凝土界面剥离行为进行分析，通过有限元分析模型与以往试验结果的对比分析，建立了一套新的界面本构模型。预测模型计算得到的界面剥离强度、FRP 应变分布均与试验值吻合较好。

Liu 等[71]认为在利用加载端荷载-滑移曲线来获取界面黏结-滑移曲线时，若忽略自由端的滑移量将会引起较大的误差，特别是在界面黏结长度较小时，为此提出了考虑自由端滑移量的界面黏结-滑移关系模型。同时试验结果表明，自由端的滑移将对应力分布产生较大的影响，当黏结长度小于有效黏结长度时，影响更明显。

Cornetti 等[72]基于指数衰减软化定律，建立了 CFRP-混凝土的界面黏结-滑移本构关系模型，在该黏结-滑移关系模型的基础上推导了不同加载阶段界面剪应力分布和界面载荷-位移关系的表达式。

叶苏荣等[73]以加固梁梁端第 1 条斜裂缝为边界建立了"梁段"空间非线性有限元计算模型。刘三星[74]在双线性模型的基础上，对 FRP-混凝土界面剥离过程进行了详细分析，探讨了界面参数和黏结长度变化对界面剥离过程的影响，并绘制了界面剥离破坏的流程图。

琚宏昌等[75]对中间裂缝导致的 FRP-混凝土界面剥离行为进行了研究，分析了不同加载阶段界面剪应力和 FRP 轴向力的分布规律，探讨了 FRP 黏结长度和胶层厚度对界面黏结性能的影响，得到了界面剪应力的解析解。

Teng 等[76]提出了 FRP 与混凝土黏结接头模型中的剥离过程的解析解，其中 FRP 板在两端受到张力。通过引入双线性黏结-滑移关系模型，推导了不同加载阶段界面剪应力分布表达式和载荷-滑移关系表达式，并对界面剥离的全过程进行了分析。Chen 等[77]在 Teng 等[76]和 Chen 等[78]研究成果的基础上对存在弯矩和剪力影响时，界面不同剥离阶段的荷载-位移曲线进行了详细分析。

曹双寅等[79]以钢筋混凝土梁中钢筋对抗剪承载力贡献计算模型为基础，通过对已有 FRP 加固混凝土梁斜截面抗剪承载力计算方法的综合分析，建立了外贴纤维复合材料对斜截面抗剪承载力贡献的计算模型。Carrara 等[80]对正应力作用下 FRP-混凝土界面的剥离行为进行了研究。

赵慧建等[81]探究了胶层厚度对外贴 FRP 片材加固混凝土界面性能的影响。他们未进行试验，而是采用建立有限元模型的方式进行研究分析。模型运算结果指出：胶层厚度为 1mm、2mm 时，胶层部分剪应力为 0；胶层厚度为 3mm、4mm 时，胶层部分存在剪应力。通过对比分析得出胶层厚度为 2mm 时，FRP-混凝土界面黏结性能承载力达到最优。

从现有界面力学模型的研究可以看出，国内外对 FRP-混凝土界面力学模型的研究工作已开展得较深入，主要分析了混凝土强度、FRP 粘贴长度、FRP 刚度、FRP 与混凝土宽度比等因素对界面黏结性能的影响，在试验的基础上提出了一些经验、半经验的界面力学模型(界面承载力模型和界面黏结-滑移本构关系模型)，并对界面剥离过程进行了理论分析。

1.3 FRP-混凝土界面耐久性研究进展

FRP-混凝土界面是由多种材料组成的复杂界面区域，根据界面的材料组成可细分为五个区域[82-83]：FRP 层、FRP 与黏结树脂相互作用区、黏结树脂层、黏结树脂与混凝土相互作用区、混凝土基层，如图 1.3 所示。

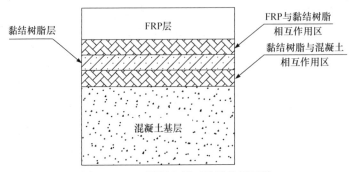

图 1.3　FRP-混凝土界面黏结作用区域

在实际工程中,结构的耐久性直接关系到结构的承载力和长期受力性能[5,84-85],而 FRP-混凝土界面的黏结性能直接影响 FRP 对混凝土结构的加固效果,在恶劣环境作用下 FRP 增强混凝土结构界面黏结性能更容易退化,故 FRP 与混凝土界面的耐久性问题成为评估 FRP 增强混凝土结构能否满足其长期受力的关键,因此国内外学者对 FRP-混凝土界面的五个组成区域进行了大量研究。

1.3.1　FRP 和黏结树脂

FRP-混凝土界面是由多种材料组成的复合界面,FRP 片材的耐久性直接关系到整个界面的耐久性。国内外众多学者针对 FRP 片材的耐久性问题做了大量的试验研究。

任慧韬[34]的研究表明,冻融循环对 FRP 片材力学性能的影响较小。李趁趁[23]的研究也表明冻融循环作用对 FRP 片材力学性能的影响较小。Rivera 等[86]研究了低温冻融循环(非标准冻融循环:冻结温度和融解温度分别为–10℃和 22.5℃)作用下 FRP 片材的耐久性,同时考虑了冻融介质的影响,试验结果表明,相对于其他介质,盐溶液冻融循环作用对复合材料的损伤更为严重。Wu 等[87]研究了冻融循环作用下,冻融介质(湿气、水溶液和盐溶液)和冻融循环时间间隔(2h 和 5h)变化时 FRP 板的耐久性。结果表明,冻融循环作用对 FRP 板的弯曲强度和弹性模量基本没有影响。Abanilla 等[88]的研究表明,冻融循环作用会引起 CFRP 延性降低。Dutta 等[89]和 Karbhari 等[90-91]的研究也表明,冻融循环作用后,FRP 片材力学性能有所降低。Chajes 等[92]的研究表明,冻融循环作用后,CFRP、玻璃纤维增强复合材料(glass fiber reinforced polymer,GFRP)和芳纶纤维增强复合材料(aramid fiber reinforced polymer,AFRP)的力学性能均会下降,但 CFRP 的抗冻融循环作用能力较强。Karbhari 等[93]的研究也表明冻融循环对 CFRP 有不利影响。

杨勇新等[94]的研究表明湿热老化对玄武岩纤维片材弹性模量的影响较小,而片材的抗拉强度和伸长率均表现出先下降后上升的趋势。王晓洁等[95]的研究表明,经湿热老化处理后 CFRP 抗拉强度未出现明显变化,但弹性模量的波动幅度增加。李杉[96]的研究表明，湿热环境作用对 FRP 的弹性模量几乎没有影响，但 FRP 片材的抗拉强度和伸长率均出现了小幅下降。

Chu 等[97]研究了不同温度下(23℃、40℃、60℃、80℃)水环境对 GFRP 的影响。试验结果表明，GFRP 力学性能随着侵蚀时间的增加逐渐下降，并且温度越高 GFRP 的劣化速度越快。

Buck 等[98]的研究表明，相对于单因素环境，温度和荷载共同作用下 GFRP 的劣化程度更严重，同时较高的温度和较大的持载水平均会加剧 GFRP 片材的劣化速度。Li 等[99]进行了 GFRP 片材在去离子水中的高温(62℃)老化试验，结果显示随着高温老化时间的延长，片材的抗拉强度逐渐降低。

肖建庄等[100]对 H_2SO_4 溶液(pH=4)和 NaOH 溶液(pH=12)中高强复合玻璃纤维材料的耐久性进行了研究。试验结果表明，高强复合玻璃纤维材料在碱溶液中具有较好的耐久性，试件抗拉强度、伸长率和弹性模量均没有出现明显下降；而在酸溶液中高强复合玻璃纤维抗拉强度和伸长率随着侵蚀时间的增加呈先下降后上升的变化规律，但弹性模量没有明显变化。任慧韬[34]对 CFRP 在碱溶液(pH=14)中的耐久性进行了研究，结果表明，碱溶液对未涂胶的 CFRP 片材的力学性能有一定的影响，随着侵蚀时间的增加，CFRP 片材的抗拉强度、伸长率和弹性模量等力学参数逐渐降低；对于涂胶的 CFRP 片材，碱溶液浸泡后力学性能未出现明显变化。Abanilla 等[88]的研究表明碱溶液(pH=12，温度为 23℃)环境下 CFRP 片材的力学性能会随着侵蚀时间的增加而逐渐下降。Debaiky 等[101]和 Chen 等[102]的研究也表明碱溶液环境对 GFRP 的力学性能有不利影响。

Zhou 等[103]对硫酸盐作用下 CFRP 和 GFRP 片材的耐久性进行了研究。结果表明，经硫酸盐干湿循环作用后，CFRP 和 GFRP 片材的抗拉强度和伸长率均出现比较明显的下降，而两种片材的弹性模量均出现了小幅下降。Abanilla 等[88]研究了水环境(清水、盐水)和温度对 CFRP 的耐久性的影响。结果表明，经清水环境和盐水环境作用后，CFRP 的力学性能均呈降低趋势，并且溶液温度越高 CFRP 损伤程度越大；相对于水环境，盐水环境对 CFRP 劣化更为严重。

杨萌等[104]的研究表明，自然老化对 CFRP 和浸渍树脂的抗拉强度有一定影响，对材料弹性模量几乎没有影响。李趁趁[23]研究表明碳化使 CFRP 的弹性模量提高，伸长率略有降低，但总体来看，碳化对 CFRP 力学性能的影响较小。紫外线照射会引发 FRP 树脂基体表面的氧化，引起 FRP 片材的老化[105-106]。

李运华等[107]对浸水、冻融、湿热条件下的纤维增强复合材料的耐久性进行了研究分析。试验选用了 3 种片材：GFRP(美国)、GFRP(中国)、CFRP(中国)。试验结果表明，GFRP 片材不分产地，在浸水试验和冻融试验后，其弹性模量并未改变，但强度与极限应变均有下降；在湿热环境中，三种力学性能均有降低。CFRP 片材在试验后力学性能与初始值几乎无差异。

从国内外研究可以看出，针对 FRP 的研究主要集中在冻融循环环境、盐溶液环境、酸/碱环境、湿热环境、自然老化环境、紫外线环境等对材料耐久性的影响。研究表明，部分环境能够引起 FRP 力学性能出现一定程度的退化，但退化程度均较小，一般不会影响 FRP 加固混凝土结构的效果。

通常黏结树脂的强度远高于混凝土的强度，黏结界面不会因为黏结树脂强度不足而出现破坏，研究表明黏结树脂的耐久性问题比自身强度更加重要。Kinloch 等[108]的研究表明环氧树脂对湿度比较敏感，水环境是引起环氧树脂黏结性能退化的主要因素之一。Klamer 等[109]的研究表明，当温度达到一定范围(50～70℃)后黏结树脂层出现软化，界面在树脂层破坏。肖建庄等[100]的研究结果表明，酸、碱环境对黏结树脂的黏结强度有一定影响。岳清瑞和杨勇新等[110-112]及杨萌等[104]采用快速老化和自然老化试验，研究了老化对浸渍树脂的影响，研究结果表明，随着老化时间的增加，浸渍树脂的力学性能略有降低。李永德和朱明[113-114]及梅雪[115]的研究结果表明，通过对黏结树脂进行增韧和改性能够提高树脂的黏结性能及耐久性能。

从国内外的研究可以看出，水环境和高温环境是导致黏结树脂性能退化的两个主要因素。在水环境中，黏结树脂的吸湿性溶胀和水解破裂会导致胶体力学性能的降低，而高温环境会引起黏结树脂的软化。但黏结树脂进行改性和增韧后其耐久性得到改善。

1.3.2　黏结树脂与混凝土相互作用区

FRP-混凝土界面的破坏面大多出现在黏结树脂与混凝土相互渗透区靠近混凝土的一侧，因此该区域是研究的重点，另外加固构件长期处于一种或多种腐蚀环境中，会造成结构力学性能的退化。

杨勇新等[116]对紫外线-淋水交替作用后的 CFRP-混凝土界面的抗剪黏结强度进行了研究。结果表明，紫外线-淋水交替作用后，CFRP-混凝土界面的拉剪黏结强度并没有降低，反而有所上升，说明 CFRP-混凝土界面在紫外线-淋水交替环境中具有较好的耐久性。

Chajes 等[92]的研究表明，氯盐溶液冻融循环作用后 FRP-混凝土界面黏结性能有所下降，但不严重。Park 等[117]选用三种类型的 CFRP 和一种 GFRP，研究了不同类型的 FRP 加固混凝土梁的抗冻性能，经冻融循环作用后，FRP 加固梁的荷载挠度曲线、裂缝开展、黏结剪应力的分布等变化较小。Maria 等[118]对 CFRP 加固钢筋混凝土梁在冻融循环环境中的耐久性进行了研究，经冻融循环作用后 FRP 加固梁的刚度和变形能力均有所下降。Green 等[119]采用四点弯曲试验，对 27 根 FRP 增强混凝土梁在冻融循环作用下的耐久性能进行了研究，结果表明冻融循环作用对 FRP 加固混凝土梁的影响有限，界面黏结强度退化不明显。Qiao 等[120]采用修正的三点弯曲梁 I 型断裂试件，研究了冻融循环作用对 CFRP-混凝土界面黏结性能的影响，结果表明，界面断裂荷载和断裂能均随侵蚀时间的增加逐渐降低，而且侵蚀时间越长降低速率越大；随着冻融循环时间的增加，界面破坏形式由混凝土的内聚破坏逐渐转变为黏结界面的破坏。Ahmad[121]的研究表明，冻融循环作用后，界面承载力大幅下降。Jia 等[122]对荷载和冻融循环耦合作用下 GFRP-混凝土界面的耐久性进行了研究，发现 GFRP 增强梁的极限承载力、界面断裂能、峰值剪应力及其对应的滑移量均随侵蚀时间的增加出现了明显下降。Grace 等[123]的研究表明，冻融循环作用对 FRP-混凝土界面的黏结性能有较大影响。Mukhopadhyaya 等[124]对干湿交替作用、冻融循环作用及两种侵蚀环境复合作用下 GFRP-混凝土界面黏结性能进行了试验研究，发现干湿循环和冻融循环作用均会导致 FRP-混凝土界面耐久性能的降低，二者复合作用下界面黏结性能的降低幅度更大。

李趁趁[23]通过正拉试验和双面剪切试验，对 FRP-混凝土界面的正拉黏结性能和剪切黏结性能进行了研究，分析了不同侵蚀环境对黏结界面的破坏形态、正拉黏结强度及剪切强度的变化规律。结果表明，盐溶液干湿循环作用和冻融循环作用会引起界面黏结性能的退化，而碳化作用对界面黏结性能的影响较小；CFRP-混凝土试件比 GFRP-混凝土试件的耐侵蚀能力强，黏结树脂的性能对界面的抗侵蚀能力影响较大。同时对 FRP 约束混凝土构件的力学性能进行了研究。

胡安妮[27]的研究表明，经盐水、碱性介质、干湿循环、冻融循环等侵蚀环境作用后，黏结界面的破坏形态发生了明显变化；端部获得的荷载-位移曲线在加载初期仍然呈线性变化，但随着侵蚀时间的增加，界面的初始开裂荷载和极限承载力逐渐减小，界面韧性逐渐降低。相对于清水环境，盐水环境和碱性环境对界面的黏结性能的影响更为显著，特别是在试验后期(侵蚀时间较长)影响更加明显。干湿交替作用后，在试验周期较短时其影响程度与清水环境下接近，但随着侵蚀时间的增加影响程度比清水环境严重。同时考虑了荷载效应的影响，当持载为 50% 极限荷载时，在腐蚀周期中，相对于施加 30%的极限荷载和相应的对比试件，其极限荷载下降幅度均要更大一些。

李杉[96]的研究表明，干湿交替、冻融循环和湿热环境等侵蚀环境作用下，CFRP 与混凝土界面的断裂能、峰值剪应力和其对应的滑移量均随着腐蚀时间的增加而逐渐下降；对试件施加持续荷载后，界面的断裂能、峰值剪应力及其对应的滑移量随侵蚀时间的下降幅度相对于未施加荷载时有所增大。同时荷载和干湿交替共同作用对 FRP 加固梁的极限承载力和破坏形态影响较大。

任慧韬[34]的研究表明，湿热环境和冻融循环作用对 FRP-混凝土界面黏结强度影响较大。郑小红[17]的研究表明，湿热处理后界面极限承载力、极限应变、最大剪应力均随着作用时间的增加而逐渐下降；湿热预处理使黏结界面的黏结刚度和疲劳寿命均出现下降。通过分析疲劳荷载下 FRL 的应变分布规律，得到了湿热预处理后，疲劳荷载作用下 FRL-混凝土界面的黏结-滑移关系曲线，给出了环境影响系数的表达式，建立了湿热环境下考虑疲劳荷载作用的界面黏结-滑移模型。

Silva 等[125]还对温度循环(−10～10℃)作用对 FRP-混凝土界面性能的影响进行了研究，结果表明界面黏结性能会随温度循环次数的增加逐渐降低。Myers 等[126]对湿度变化对 CFRP-混凝土界面黏结强度的影响进行了研究，结果表明混凝土表层含水量和湿度较大会降低界面的黏结强度。

Homam[127]对碱溶液和湿气作用两种侵蚀环境下 FRP-混凝土界面的黏结性能进行了研究，结果表明两种侵蚀环境均会对界面黏结性能产生不利影响，提高侵蚀环境的温度均会加剧界面黏结性能的退化。

Gangarao 等[128]研究了 pH、冻融循环、重复加-卸载及自然老化对 FRP-混凝土界面黏结性能的影响。酸性环境和碱性环境作用下，随着侵蚀时间的增加界面黏结强度均出现了下降，但酸性环境对黏结界面的影响要比碱性环境更严重；在冻融循环作用下界面的黏结强度将出现下降；重复加-卸载作用下，当试件的持载水平较低时，FRP 应变可以恢复到零，但当试件持载水平较高时，试件卸载后 FRP 应变不会恢复到零；自然老化对界面黏结强度几乎没有影响。

Qiao 等[120]的研究表明，经干湿交替作用后，FRP-混凝土界面的破坏模式出现了改变，随着侵蚀时间的延长界面断裂能和极限承载力逐渐降低。Toutanji 等[129]研究了盐溶液干湿循环作用对 FRP-混凝土界面力学性能的影响，分析了纤维种类、树脂胶类型对界面力学性能的影响。试验结果表明，随着侵蚀时间的增加界面承载力均有所提高，但干湿循环作用下界面承载力的提高幅度较小，而且环氧树脂的耐久性对 FRP-混凝土的耐久性影响非常大。

Silva 等[125]对盐雾环境下 CFRP 和 GFRP 与混凝土界面的黏结性能进行了研究。结果表明，盐雾作用对 GFRP 试件的破坏模式影响较小，破坏面基本发生在界面以下的表层混凝土中，但 CFRP 试件的破坏形态发生了改变，同时随着侵蚀时间的延长两种试件的界面极限承载力均出现了下降。

刘生纬等[130]通过硫酸盐干湿交替加速腐蚀试验模拟硫酸盐环境，对硫酸盐腐蚀下碳纤维增强环氧树脂复合材料-混凝土界面黏结性能退化规律进行了研究。结果表明，硫酸盐干湿交替作用对碳纤维增强环氧树脂复合材料-混凝土界面的破坏形态影响较大；界面黏结性能(峰值剪应力、极限承载力和初始剪切刚度)随腐蚀时间的延长呈现小幅增加后加速下降的趋势。李凯等[131]同样通过硫酸盐干湿交替加速侵蚀试验模拟硫酸盐侵蚀环境，对受硫酸盐腐蚀后粘贴 CFRP-混凝土界面的黏结性能及退化规律进行了研究。结果表明，硫酸盐干湿交替作用对混凝土强度和 CFRP-混凝土界面黏结性能影响较大，随腐蚀时间的延长也呈现先小幅增加后加速下降的趋势。

　　李伟文等[132]采用四点弯曲加载试验方式，对硫酸盐干湿循环作用下 FRP 加固钢筋混凝土梁的耐久性能进行了试验研究，发现硫酸盐干湿循环作用对 CFRP 加固梁的力学性能影响十分显著，随着侵蚀时间的增加，加固梁的极限承载力与 FRP 的有效应变均出现了明显下降，并且随侵蚀时间的延长，下降速率随之增加，但硫酸盐干湿循环作用并未改变加固梁的破坏模式。

　　Al-Rousan 等[10]的研究表明，硫酸盐对 CFRP-混凝土界面黏结性能会产生较大影响。文献[103]同样研究了硫酸盐干湿循环作用对 CFRP-混凝土界面力学性能的影响，给出了界面极限承载力、界面峰值剪应力及其对应滑移量等参数随侵蚀时间的变化规律。试验结果表明，在硫酸盐干湿循环作用下界面黏结性能出现了明显退化；同时在硫酸盐侵蚀作用下，混凝土力学性能的退化是引起界面性能退化的主要因素。

1.3.3 混凝土基体在硫酸盐环境下的耐久性

　　由 FRP-混凝土界面的组成可知，黏结树脂与混凝土相互渗透区和胶层下面的混凝土层为界面的薄弱区域，大量试验研究也表明界面破坏面出现在该区域，而混凝土性能的劣化将直接影响界面的耐久性和强度，因此混凝土的耐久性能是影响 FRP 加固混凝土结构耐久性的关键。

　　目前，国内外研究人员在硫酸盐侵蚀环境下混凝土性能的劣化机理及如何提高混凝土耐久性方面做了大量研究工作[133-139]，其中混凝土硫酸盐侵蚀是影响因素最复杂、危害性较大的一种环境水侵蚀[140]，涉及硫酸根离子在混凝土内部的传输、硫酸根离子与水泥水化产物的反应以及生成的膨胀产物对混凝土结构的破坏，侵蚀过程十分复杂[141-148]。根据侵蚀机理的不同，可以分为硫酸盐物理侵蚀和硫酸盐化学侵蚀两大类[149]。

1. 硫酸盐物理侵蚀

　　所谓的硫酸盐物理侵蚀就是硫酸盐的结晶侵蚀，即外界硫酸盐溶液渗入混凝土内部，随着混凝土孔隙中水分的蒸发，孔隙中硫酸盐溶液浓度逐渐增加，当溶液达到过饱和后孔隙中就会有硫酸盐结晶析出。结晶产物不断在孔隙中积累、膨胀，当结晶压力大于混凝土抗拉强度后孔隙破裂，孔隙不断相互连通，为硫酸盐溶液的深入提供了更多通道，加速了硫酸盐溶液的传输和结晶体在混凝土内部的积累。工程实践证明，盐类结晶侵蚀对混凝土的破坏非常严重[149]，而混凝土内部出现盐类结晶的必要条件是孔隙中的盐溶液达到过饱和。通常两种情况可使混凝土孔液达到过饱和：①外界离子向混凝土内部扩散，主要取决于外界溶液浓度和混凝土内部孔隙大小及相互连通程度；②生成物的溶解度，即生成结晶产物的溶解度越小孔隙溶液越易达到饱和。一般认为，干湿循环环境是盐类结晶形成的重要条件，混凝土结构所处的环境由湿变干时，混凝土孔液经浓缩而析晶，产生的膨胀压力致使混凝土出现损伤[22,150-157]。

2. 硫酸盐化学侵蚀

硫酸盐化学侵蚀的实质是SO_4^{2-}与混凝土内的凝胶材料发生化学反应，生成非凝胶产物，使得混凝土的强度降低，并且这些产物(钙矾石和石膏)具有很强的膨胀性，随着这些膨胀产物在混凝土孔隙中不断积累，当产生的膨胀应力超过混凝土的抗拉强度时，就会导致混凝土破坏。因此该过程是一个十分复杂的物理化学侵蚀过程。

硫酸盐对混凝土的侵蚀，不是在混凝土孔隙中一出现盐类结晶和膨胀产物混凝土便破坏，而是一个渐进的过程。硫酸盐对混凝土的侵蚀过程通常可分为两个阶段：①在侵蚀前期，生成的膨胀产物(钙矾石、石膏)在混凝土孔隙中积累，但这些膨胀产物产生的膨胀应力不足以使混凝土开裂，同时这些膨胀产物的积累反而使混凝土变得更加致密，强度有所提高。②随着侵蚀的进行，当侵蚀产物产生的膨胀应力大于混凝土的抗拉强度时，孔隙壁出现裂缝，随着裂缝的发展，孔隙相互贯通，侵蚀前沿向混凝土内部发展，形成恶性循环；同时SO_4^{2-}与水泥水化产物发生反应，大量凝胶物质被消耗，导致混凝土黏结力下降。在多种因素作用下混凝土最终崩解破坏。

3. 混凝土抗硫酸盐侵蚀的措施

国内外学者在混凝土抗硫酸盐侵蚀方面做了大量的研究。文献[158]～[160]研究表明，水胶比对混凝土抵抗硫酸盐侵蚀能力的影响较大，适当减小混凝土的水胶比可使混凝土内部结构变得更加密实，混凝土抗渗能力增加，能够有效阻止硫酸根离子向混凝土内部扩散，进而使混凝土抗硫酸盐侵蚀能力提高。文献[161]的研究表明，采用粉煤灰取代一部分水泥可以提高混凝土抗硫酸盐侵蚀能力，掺入低钙粉煤灰后混凝土抗硫酸盐侵蚀的效果好于高钙粉煤灰；而且粉煤灰的掺量控制在 25%以内时，对混凝土抗硫酸盐侵蚀能力的改善效果较好[162]。Hill 等[163]和Cao 等[164]的研究表明，掺入矿渣后能够改善混凝土的孔隙结构，提高混凝土抗硫酸镁和硫酸钙侵蚀的能力。文献[165]、[166]的研究表明，掺入一定量的硅灰可以明显提高混凝土抵抗硫酸钠侵蚀的能力，但不能提高抗硫酸镁侵蚀的能力。Shannag 等[167]的研究表明，火山灰和硅灰的掺量各为 15%时，混凝土抗硫酸盐侵蚀能力最强。在 20 世纪 30 年代，研究者通过对侵蚀产物钙矾石形成机理的分析研究，发明了抗硫水泥[168]，但很多研究显示只控制水泥熟料中的铝酸三钙含量还不够，水泥熟料中的硅酸三钙和铁铝酸四钙含量对混凝土的抗硫酸盐侵蚀能力也有较大的影响[169-171]。在实际工程中，也有许多硫酸盐环境中的混凝土结构，尽管使用了抗硫酸盐水泥，最终还是出现了严重的侵蚀破坏[145]。

从以上研究可以看出，通过降低混凝土水胶比、掺入矿物掺合料和使用抗硫酸盐水泥可以提高混凝土在硫酸盐侵蚀环境下的耐久性，但效果不尽相同。对于普通水泥混凝土，降低混凝土水胶比和提高混凝土粉煤灰掺量能够提高混凝土在硫酸盐侵蚀环境中的耐久性能。

粉煤灰对混凝土抗硫酸盐侵蚀的影响分析如下。粉煤灰可以从化学上稳定 $Ca(OH)_2$，从物理上对混凝土内部的孔隙结构进行细化[149,172]，同时粉煤灰的掺入替代了部分水泥使铝酸钙的含量降低，即降低了生成钙矾石所需的原料的含量；同时粉煤灰会与 $Ca(OH)_2$ 发生二次反应，使得 $Ca(OH)_2$ 的含量降低，降低了钙矾石的生成量，并且混凝土碱度降低，使侵蚀产物(钙矾石、石膏)的稳定性降低。另外，粉煤灰和粉煤灰水化产生的水化硅酸钙凝胶填充了混凝土的毛细孔，使混凝土变得更加密实。因此，在混凝土中掺入适量的粉煤灰能够有效地提高混凝土抗硫酸盐侵蚀能力。

1.4 本书主要内容

混凝土结构具有承重、耐火、耐久、经济适用、易于成型等优点，广泛应用于实际工程中，但同时混凝土结构常常处于比较复杂的地理自然环境下，容易腐蚀破坏。具体来说，干湿循环、冻融循环、盐类侵蚀、紫外线侵蚀等都是混凝土腐蚀破坏的原因。在西部地区，以硫酸根为主的腐蚀离子浓度是海水中的 5～10 倍，且冬季寒冷漫长，昼夜温差大，混凝土结构长期遭受恶劣环境的侵蚀。

在现有补强加固的方法中，外粘贴 FRP 技术优势明显。FRP 片材加固混凝土结构技术的研究和工程应用是从 20 世纪 90 年代开始逐渐发展的，构成 FRP 的纤维种类从初期的 CFRP 发展到 BFRP、AFRP、GFRP 等。其中 CFRP 不仅具备各类 FRP 共有的优良特性，而且耐酸、耐高温、持续抗燃特性显著。因此，有较高性价比的 CFRP 在混凝土补强加固中被广泛采用。CFRP 加固混凝土技术的核心是 CFRP-混凝土界面的黏结性能，实际工程中经 CFRP 加固的混凝土结构常暴露于恶劣环境下，随时间的推移界面黏结性能受到不利影响使加固效果降低。CFRP-混凝土界面的耐久性能依赖于其组成材料的耐久性，其中 CFRP 的耐久性是影响界面耐久性能的关键因素之一。经侵蚀环境作用后，CFRP 的力学性能会出现改变。

第 2 章对 CFRP 在硫酸盐持续浸泡作用、硫酸盐干湿循环作用和硫酸盐冻融循环作用以及不同应力水平下的纵向受拉性能进行了试验研究，主要分析环境类型、侵蚀时间(次数)、硫酸盐浓度和荷载对 CFRP 耐久性的影响，着重探讨 CFRP

在硫酸盐侵蚀环境作用下力学性能的退化规律，为 CFRP 加固混凝土结构的耐久性设计提供试验数据和理论参考。

第 3 章采用双面剪切试件对室温环境、硫酸盐持续浸泡和硫酸盐干湿循环作用下 CFRP-混凝土界面黏结性能进行试验研究。分析硫酸盐侵蚀环境作用对 CFRP-混凝土界面的破坏形态、极限承载力、应力和应变分布、有效黏结长度等性能参数的影响；探讨硫酸盐侵蚀环境下，混凝土水胶比、粉煤灰掺量及界面有效黏结长度对界面力学性能的影响。

第 4 章基于硫酸盐与冻融循环耦合作用模拟西北地区昼夜温差大，冬季酷寒且时间长的自然环境条件，研究 CFRP-混凝土界面在该环境下的黏结性能。硫酸盐与冻融循环对 CFRP 加固的影响不仅仅是简单的叠加，双重因素共同作用对 CFRP-混凝土界面黏结性能的影响已成为西部寒旱硫酸盐地区 CFRP 加固混凝土亟待解决的问题。本章通过双剪实验，研究清水及 5%浓度的硫酸盐溶液不同次数冻融循环之后的界面极限承载力、应力-应变关系曲线及有效黏结长度的变化规律，同时引入硫酸盐冻融循环影响系数，建立考虑硫酸盐冻融循环因素的有效黏结长度计算公式。

第 5 章在实际工程的基础上，选用双剪试验对持载和硫酸盐干湿循环耦合作用下 CFRP-混凝土界面黏结性能进行研究。分析硫酸盐腐蚀作用对 CFRP-混凝土界面的破坏形式、极限承载力、有效黏结长度、应力-应变关系等方面的影响。探讨不同持载、不同循环天数、不同强度的混凝土对黏结界面力学性能的影响。

CFRP-混凝土界面承载力是对界面黏结性能的一个宏观表达，也是反映界面黏结性能的一个最为直观的指标。虽然国内外众多学者已经建立了不同的承载力模型，但是这些模型均很少考虑环境侵蚀对界面黏结性能的影响。第 3~5 章的研究表明在侵蚀环境中，界面的黏结性能会随着侵蚀时间的推移而出现退化。

第 6 章在前几章研究的基础上，通过对界面承载力随侵蚀时间的变化规律的回归分析，引入硫酸盐侵蚀环境下承载力综合影响系数(考虑了水胶比、粉煤灰掺量、硫酸盐溶液浓度、冻融循环次数以及不同持载水平的影响)，建立考虑硫酸盐侵蚀因素影响的 CFRP-混凝土界面承载力模型。

为了进一步探讨硫酸盐侵蚀下 CFRP-混凝土界面性能的退化规律，第 7 章通过对界面黏结-滑移曲线的归纳分析，得到了界面特征值(界面剪应力峰值及其对应的滑移量)和界面延性参数的计算表达式，在此基础上建立了考虑硫酸盐侵蚀环境影响的 CFRP-混凝土界面黏结-滑移本构关系模型。

第2章 CFRP耐久性试验研究

CFRP-混凝土界面的耐久性依赖于其组成材料的耐久性，其中CFRP的耐久性是影响界面耐久性的关键因素之一。硫酸盐侵蚀环境作用后，CFRP的力学性能会出现改变。本章对CFRP在硫酸盐持续浸泡作用、硫酸盐干湿循环作用和硫酸盐冻融循环作用以及不同应力水平下的纵向受拉性能进行试验研究，主要分析环境类型、侵蚀时间、硫酸盐浓度和荷载对CFRP耐久性的影响，重点探讨CFRP在硫酸盐侵蚀环境作用下力学性能退化规律，为CFRP加固混凝土结构的耐久性设计提供试验数据和理论参考。

2.1 试 验 概 述

2.1.1 CFRP试件设计与制作

试件设计与制作参照《纤维增强塑料性能试验方法总则》(GB/T 1446—2005)[173]与《定向纤维增强聚合物基复合材料拉伸性能试验方法》(GB/T 3354—2014)[174]。碳纤维布采用赛克(SKO)牌一级碳纤维布，黏结树脂采用SKO牌碳纤维环氧树脂浸渍胶，浸渍胶分为A胶和B胶，使用时按照质量比为2∶1混合。黏结树脂的力学性能如表2.1所示。试件尺寸如图2.1所示，其中，中间为工作段，两端为加强段。

表 2.1　黏结树脂的力学性能

抗拉强度/MPa	伸长率/%	弹性模量/MPa	抗弯强度/MPa	抗压强度/MPa
40	1.8	2500	55	75

非持载CFRP试件的制作过程如下：

(1) 树脂胶不与塑料布黏结，因此试件制作前在操作台上铺一层塑料布，试验采用的CFRP布的初始宽度为100mm，将CFRP布裁剪成100mm×230mm的小块，平铺在塑料布上。

(2) 将树脂胶均匀刷在CFRP片材上，用刷子在表面来回刷，确保黏结树脂浸入纤维丝间，一面刷完后再刷另一面。将刷好胶的试件放在室温下固化3~7h，待黏结树脂不粘手时进行下一道工序。

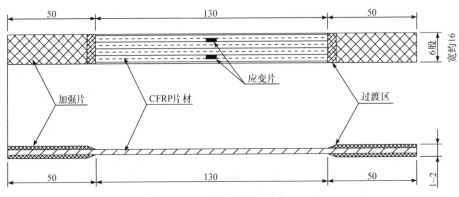

图 2.1　CFRP 试件尺寸(单位：mm)

(3) 对不粘手时的黏结树脂整片片材按碳纤维股数进行裁剪，每个试件 6 股，试件平均宽度约 16mm。

(4) 为了使 CFRP 片材在加载过程中受力均匀，在试件两端粘贴两层 50mm 长的 CFRP 加强片，加强片与试件同宽。制作好的试件在室温下养护一周后再进行后续试验。制作好的 CFRP 试件如图 2.2 所示。

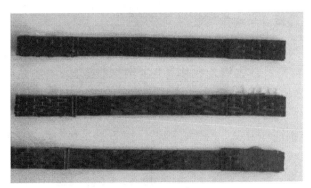

图 2.2　制作好的 CFRP 试件

持载 CFRP 试件的制作过程如下：

(1) 将 CFRP 片材沿垂直纤维方向裁剪，长度为 400mm，用小刀沿纤维方向按 6 股划开备用(试件两端 80mm 为粘贴区域，两端各预留 5mm，余下部分与非持载试件长度相同)。

(2) 把用来固定 CFRP 片材的混凝土块表面浮浆磨掉，露出粗骨料，用湿布将混凝土表面灰尘擦掉，待表面干燥后用记号笔画出试件粘贴区域。将拉杆插入混凝土孔洞中并按间距 240mm 摆放混凝土试块。

(3) 将 A、B 胶按质量比 2∶1 混合并搅拌均匀，均匀涂抹在混凝土试块黏结区域，室温下静置，直至胶表面不粘手。

(4) 将准备好的 CFRP 片材按图 2.3 所示方式摆放到混凝土表面粘贴区域。用透明胶带将 CFRP 片材两端的预留区域粘贴到混凝土试块表面，防止 CFRP 试件移动，并且保持试件平行且拉直。

(5) 在拉直的 CFRP 片材表面均匀涂抹胶水，使其充分浸入片材中。与混凝土黏结部分用碾子碾实，保证 CFRP 片材与混凝土充分接触。待胶水不再流动后涂抹另一面。涂抹完毕后静置 24h。

(6) 将静置完毕的试件翻转，重复步骤(3)～(5)完成另一面的粘贴。CFRP 试件全部粘贴完成后，在实验室环境下养护两周。

(7) 加载系统如图 2.3 所示，将上述 CFRP-混凝土试件组合装入持载架中，整个过程需保持试块直立以防止 CFRP 与混凝土黏结部分发生剥离和破坏。

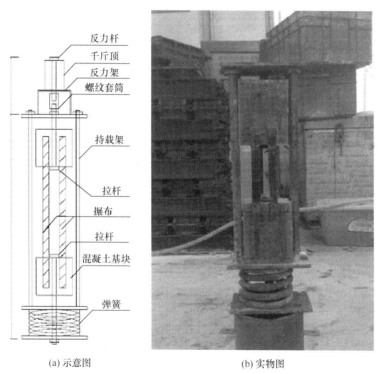

(a) 示意图　　　　　(b) 实物图

图 2.3　加载系统

(8) 安装加载系统，依次加装螺纹套筒、反力架、千斤顶、反力杆。拧紧螺纹套筒，保证反力杆与拉杆紧密连接。

(9) 分级加载，每加载 0.5kN 静置 2min，加载至 2kN/4kN 后静置 5min，若荷载下降则继续加载至 2kN/4kN，直至静置后无荷载下降，拧紧上拉杆螺母。卸载加载系统，将试件静置一周。

(10) 重复步骤(8)~(9)直至试件无荷载变化。

(11) 硫酸盐干湿循环作用结束后，卸掉试件荷载，取出 CFRP-混凝土试件，剪下中间 230mm 未粘贴部分，按非持载试件制作步骤粘贴加强片。

2.1.2　试验方法

采用 WDW-50 电子万能试验机对试件进行加载，加载过程采用位移控制，加载速率为 0.5mm/min。在 CFRP 试件拉伸前，先施加 5%破坏荷载的预拉荷载(约0.4kN)，检查夹具、拉力机和应变采集系统(东华 DH3816N 静态应变测试系统)运行是否正常。试验过程中，注意观察并记录试件的破坏形式和破坏过程，通过粘贴在 CFRP 表面的应变片，获得拉伸过程中 CFRP 的应变变化结果。CFRP 纵向拉伸测试系统如图 2.4 所示。

图 2.4　CFRP 纵向拉伸测试系统

CFRP 主要力学指标的计算如下。

(1) 抗拉强度按式(2.1)计算：

$$\sigma_t = \frac{P_b}{bh} \tag{2.1}$$

式中，σ_t 为抗拉强度；P_b 为试件破坏时的最大荷载；b 为试件宽度；h 为试件厚度。

(2) 弹性模量按式(2.2)计算：

$$E_t = \frac{\Delta P l}{bh\Delta l} \text{ 或 } E_t = \frac{\Delta P}{bh\Delta \varepsilon} \tag{2.2}$$

式中，E_t 为弹性模量；ΔP 为荷载-形变曲线或荷载-应变曲线上初始直线段的载荷增量；Δl 为与 ΔP 对应的标距 l 内的变形增量；l 为测量标距；$\Delta \varepsilon$ 为与 ΔP 对应的应变增量。

(3) 拉伸破坏伸长率按式(2.3)计算：

$$\varepsilon_t = \frac{\Delta l_b}{l} \times 100\% \tag{2.3}$$

式中，ε_t 为拉伸破坏伸长率；Δl_b 为试件破坏时标距 l 的总伸长量。

2.1.3　试验环境与试验设计

CFRP 试件的试验环境分为以下五类。

(1) 室温环境：作为试验的对比环境。

(2) 硫酸盐持续浸泡环境：采用浓度为 5%与 10%的 Na_2SO_4 溶液，同时为了保证硫酸盐溶液的浓度及 pH 不变，每隔一个月更换一次溶液。试件放入硫酸盐溶液中后，分别在浸泡 90 天、180 天、270 天、360 天时从不同浓度的溶液中取出一组进行测试。每组 7 个，共 56 个试件。

(3) 硫酸盐干湿循环环境：干湿循环制度参照《普通混凝土长期性能和耐久性能试验方法标准》(GB/T 50082—2009)[175]的抗硫酸盐腐蚀试验方法进行，试验采用浓度为 5%和 10%的 Na_2SO_4 溶液。干湿循环过程为：在硫酸盐溶液中浸泡 12h，然后排出溶液，风干 2h，再对试验箱进行升温，在 40℃环境下干燥 8h，最后关闭加热系统自然冷却 2h，一个循环完成，再放入溶液进行下一个循环，一个循环周期为 24h。干湿循环制度详见表 2.2。由于黏结树脂的软化温度为 45~80℃[124,176-177]，因此在烘干时试验箱的温度保持在(40±2)℃，试验过程中为保持溶液浓度不变，与硫酸盐持续浸泡环境相同，每隔一个月更换一次溶液。分别在干湿循环 30 天、60 天、90 天、120 天、150 天时从不同浓度的溶液中取出一组试件进行测试。每组 7 个，共 70 个试件。

表 2.2　干湿循环制度

循环的过程	试验温度/℃	作用时间/h
浸泡	25	12
风干	25	2
高温干燥	40	8
自然冷却	25	2

(4) 冻融循环环境：分为清水冻融循环环境和硫酸盐冻融循环环境。

清水冻融循环环境：按《水工混凝土试验规程》[178]中的混凝土抗冻性试验方法进行试验。冻融循环试验采用"快冻法"，将 CFRP 试件置于清水中，放入冻融循环试验机, 3h 为一个冻融循环周期, 试件中心温度控制在(8±2)℃和(−14±2)℃之间, 冻融循环次数分别设置为 25、50、75、100。冻融循环试验使用混凝土快速冻融试验机。

硫酸盐冻融循环环境: 与清水冻融循环使用同一机器设备, 将 CFRP 试件放在浓度为 5%的硫酸钠溶液中进行冻融循环。仪器设置同清水冻融循环试验, 冻融循环次数分别设置为 25、50、75、100。

(5) 不同应力水平: 采用的试验环境为室温环境和硫酸盐干湿循环环境, 具体试验方法与上述(1)、(3)相同, 试验片材为持载后的片材。

2.2　室温下 CFRP 的纵向受拉性能

1. 破坏过程分析

对于整个拉伸过程, 在试件破坏前很长一段时间, 拉伸相对平稳, 随着荷载的增大, 试件外观无明显改变; 当拉伸荷载接近破坏荷载时, 随着荷载的增加, 试件不断发出"噼噼啪啪"的声音, 荷载-位移曲线开始出现小幅波动, 最后随着"啪"的一声巨响, 试件断裂。在整个拉伸过程中荷载-位移曲线近似为直线, 表明试件为脆性破坏。

分析试件的破坏特点, 其破坏形态, 可归纳为两种: ①拉断破坏, 即 CFRP 片材断口较为整齐; ②劈裂破坏, 即某些股破坏时绷掉, 但个股的断口较为整齐。图 2.5 为室温下 CFRP 片材的两种典型破坏形态。

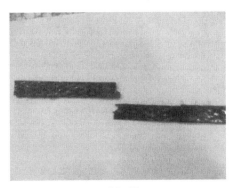 

(a) 拉断破坏　　　　　　　　　　(b) 劈裂破坏

图 2.5　室温下 CFRP 片材典型的破坏形态

CFRP 试件的破坏以拉断破坏为主, 发生劈裂破坏的试件较少。劈裂破坏主要是片材在制作过程中刷胶不均匀、粘贴加强片不可避免有缺陷等使片材在拉伸过程中受力不均, 最终导致加载时个别股纤维束首先破坏。由于 CFRP 与黏结树脂胶结强度较高，绷开各股的断口也较为整齐。

2. 试验结果及分析

通过式(2.1)、式(2.2)、式(2.3)可以计算得到 CFRP 片材的抗拉强度、弹性模量、伸长率。计算时 CFRP 的厚度取碳纤维布的实测厚度 0.12mm，试件宽度取 6 股碳纤维束的宽度。经测量，试件的平均宽度为 16mm。室温下 CFRP 试件拉伸试验结果如表 2.3 所示。

表 2.3　室温下 CFRP 试件拉伸试验结果

试件编号	破坏荷载/kN	抗拉强度/MPa	弹性模量/GPa	伸长率/%
C-1	8.16	3017	304	1.624
C-2	8.10	2992	310	1.643
C-3	8.23	3043	300	1.612
C-4	8.16	3015	315	1.651
C-5	8.37	3093	309	1.630
平均值	8.20	3032	308	1.632

图 2.6 给出了室温下 CFRP 片材的典型应力-应变关系，从图中可以看出，CFRP 的应力和应变均呈线性关系，达到极限荷载时突然断裂。

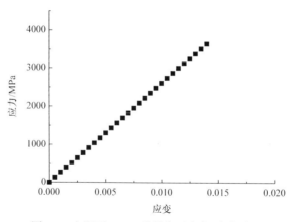

图 2.6　室温下 CFRP 片材典型应力-应变关系

2.3　硫酸盐持续浸泡作用下 CFRP 的纵向受拉性能

1. 试件外观变化及破坏过程分析

经硫酸盐持续浸泡后，将 CFRP 试件从试验箱中取出晒干，所有试件表面均有白色盐结晶，而且浸泡时间越长、溶液浓度越大，试件表面的白色盐结晶越明显。用清水冲去 CFRP 试件表面的白色盐结晶并用抹布擦干后，CFRP 试件外观与室温下的试件并无明显变化，但经硫酸盐长时间浸泡后 CFRP 试件表面光泽相比室温下的试件更为暗淡，说明硫酸盐持续浸泡对 CFRP 片材产生了一定损伤。在整个拉伸过程中试件的破坏过程及破坏形态与室温下试件基本相同，但浸泡360 天后，出现劈裂破坏的试件个数有所增加。

2. 试验结果及分析

经硫酸盐持续浸泡后 CFRP 片材的应力-应变关系与室温下相似，呈线性关系。表 2.4 给出了硫酸盐持续浸泡后 CFRP 片材的抗拉强度、弹性模量、伸长率。

表 2.4　硫酸盐持续浸泡作用下 CFRP 试验结果

试件编号	破坏荷载/kN		抗拉强度/MPa		弹性模量/GPa		伸长率/%	
	5%	10%	5%	10%	5%	10%	5%	10%
CJP90-1	8.44	7.80	3117	2876	327	304	1.423	1.612
CJP90-2	8.04	8.56	2965	3157	309	334	1.625	1.721
CJP90-3	8.53	8.19	3148	3020	287	326	1.849	1.842
CJP90-4	8.18	8.08	3018	2985	306	287	1.607	1.586
CJP90-5	7.76	8.30	2865	3064	323	315	1.637	1.359
平均值	8.19	8.19	3023	3021	310	313	1.628	1.624
CJP180-1	7.79	7.59	2874	2800	284	320	1.815	1.627
CJP180-2	8.40	8.04	3099	2966	314	328	1.487	1.568
CJP180-3	8.26	8.30	3045	3062	327	284	1.620	1.751
CJP180-4	8.53	8.58	3149	3166	302	302	1.539	1.429
CJP180-5	8.08	8.14	2981	3006	295	314	1.625	1.620
平均值	8.21	8.13	3030	3000	304	310	1.617	1.599
CJP270-1	8.10	7.82	2986	2886	325	313	1.673	1.505
CJP270-2	7.94	7.44	2927	2744	290	283	1.787	1.361
CJP270-3	8.36	8.36	3087	3087	310	300	1.538	1.581
CJP270-4	7.69	8.06	2838	2973	302	294	1.386	1.840
CJP270-5	8.25	8.21	3042	3030	303	321	1.612	1.587
平均值	8.07	7.98	2976	2944	306	302	1.599	1.575
CJP360-1	7.59	7.22	2799	2666	309	307	1.487	1.452
CJP360-2	7.94	7.64	2927	2820	327	289	1.381	1.621
CJP360-3	7.79	7.96	2873	2937	301	323	1.615	1.418

试件编号	破坏荷载/kN		抗拉强度/MPa		弹性模量/GPa		伸长率/%	
	5%	10%	5%	10%	5%	10%	5%	10%
CJP360-4	8.14	8.22	3003	3033	286	301	1.772	1.546
CJP360-5	8.33	7.82	3070	2884	312	296	1.695	1.793
平均值	7.96	7.77	2935	2868	307	303	1.590	1.566

注：(1) CJP90-1 表示硫酸盐持续浸泡 90 天编号为 1 的 CFRP 试件，其他编号含义以此类推。

　　 (2) 表中 5%和 10%为硫酸盐溶液浓度，此类余同。

　　为了更清晰的反映硫酸盐持续浸泡对 CFRP 片材力学性能的影响，在此引入保持率，即硫酸盐持续浸泡后 CFRP 的各力学性能指标的平均值与室温下对应各指标平均值的比值。硫酸盐持续浸泡后 CFRP 片材的抗拉强度、弹性模量、伸长率保持率的变化如图 2.7～图 2.9 所示。

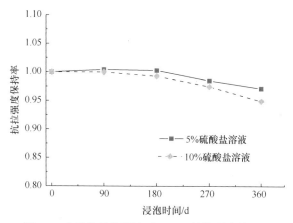

图 2.7　硫酸盐持续浸泡对 CFRP 抗拉强度的影响

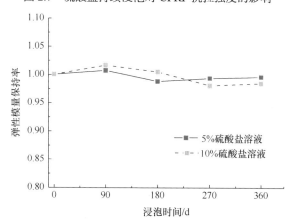

图 2.8　硫酸盐持续浸泡对 CFRP 弹性模量的影响

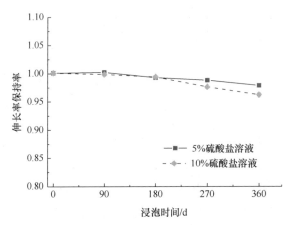

图 2.9　硫酸盐持续浸泡对 CFRP 伸长率的影响

由图 2.7 和图 2.9 可以看出，随着硫酸盐浸泡时间的增加，CFRP 的抗拉强度和伸长率均呈下降趋势，并随硫酸盐浓度的增加，抗拉强度和伸长率的下降幅度有所增大，经硫酸盐持续浸泡 360 天后，在溶液浓度为 5%、10%两种工况下，CFRP 的抗拉强度分别下降了 3.20%、5.40%，CFRP 片材的伸长率分别下降了 2.57%、4.17%。CFRP 片材力学性能降低的主要原因是黏结树脂以及黏结树脂与碳纤维界面黏结性能的损伤退化，在硫酸盐持续浸泡作用下，由于黏结树脂的吸湿性溶胀和水解破裂，胶体力学性能的降低，削弱了纤维与纤维之间传递应力的能力。

如图 2.8 所示，经硫酸盐持续浸泡后，CFRP 的弹性模量并未随着浸泡时间的增加而出现较明显的变化，主要原因在于 CFRP 片材的弹性模量主要由碳纤维提供，黏结树脂对 CFRP 片材的弹性模量贡献较小，而持续浸泡对碳纤维影响较小。

2.4　硫酸盐干湿循环作用下 CFRP 的纵向受拉性能

1. 试件外观变化及破坏过程分析

硫酸盐干湿循环作用后 CFRP 试件表面均有盐结晶出现，且多呈暗黄色，这是由于硫酸盐干湿循环过程中流失的混凝土浮灰与盐结晶附于 CFRP 表面，在烘干时受热变色。干湿循环时间越长、溶液浓度越大，试件表面的盐结晶越明显。用清水冲去 CFRP 试件表面的盐结晶后，CFRP 试件外观与室温下的试件相比无明显变化。经较长时间硫酸盐干湿循环作用的试件(干湿循环 90 天以上的试件)，表面比室温下的试件暗淡，说明硫酸盐干湿循环作用对 CFRP 片材产生了一定损伤。在整个拉伸过程中，试件的破坏过程与室温下相似，当侵蚀时间较短时，试件破坏形态也与室温下相似，但随着侵蚀时间的增加，部分试件破坏断面变得不整齐，劈裂破坏的试件数量有所增加。

2. 试验结果及分析

经硫酸盐干湿循环作用后 CFRP 片材的应力-应变关系曲线与室温下相似，仍然呈线性关系。硫酸盐干湿循环作用后 CFRP 片材的抗拉强度、弹性模量、伸长率见表 2.5。

表 2.5　硫酸盐干湿循环作用下 CFRP 试验结果

试件编号	破坏荷载/kN		抗拉强度/MPa		弹性模量/GPa		伸长率/%	
	5%	10%	5%	10%	5%	10%	5%	10%
CDW30-1	8.30	7.71	3065	2841	316	287	1.719	1.521
CDW30-2	7.71	8.63	2844	3184	296	320	1.442	1.628
CDW30-3	8.56	8.26	3156	3049	312	317	1.641	1.449
CDW30-4	8.10	8.10	2986	2986	304	312	1.787	1.876
CDW30-5	8.22	8.46	3033	3124	327	327	1.552	1.666
平均值	8.18	8.23	3017	3037	311	312	1.628	1.628
CDW60-1	8.23	7.60	3039	2806	333	286	1.639	1.478
CDW60-2	8.02	7.79	2957	2874	314	302	1.421	1.735
CDW60-3	8.42	8.37	3107	3088	303	303	1.559	1.806
CDW60-4	7.67	8.58	2831	3166	306	329	1.631	1.398
CDW60-5	8.65	8.19	3190	3023	287	310	1.880	1.667
平均值	8.20	8.11	3025	2991	308	306	1.626	1.617
CDW90-1	8.48	7.46	3127	2753	308	332	1.587	1.401
CDW90-2	8.27	7.68	3051	2835	290	290	1.440	1.721
CDW90-3	7.64	8.25	2817	3041	297	301	1.798	1.847
CDW90-4	7.83	8.57	2889	3163	332	303	1.497	1.595
CDW90-5	8.08	7.99	2984	2951	306	294	1.723	1.416
平均值	8.06	7.99	2974	2949	307	304	1.609	1.596
CDW120-1	7.98	8.49	2943	3133	302	293	1.728	1.818
CDW120-2	7.43	7.95	2743	2934	317	321	1.421	1.422
CDW120-3	8.43	7.72	3111	2845	327	303	1.586	1.676
CDW120-4	8.21	7.21	3028	2662	307	287	1.861	1.570
CDW120-5	7.77	7.94	2868	2927	286	312	1.365	1.368
平均值	7.96	7.86	2939	2900	308	303	1.592	1.571
CDW150-1	7.91	7.29	2921	2688	288	297	1.356	1.548

续表

试件编号	破坏荷载/kN		抗拉强度/MPa		弹性模量/GPa		伸长率/%	
	5%	10%	5%	10%	5%	10%	5%	10%
CDW150-2	7.26	6.79	2677	2502	302	294	1.587	1.417
CDW150-3	7.61	7.71	2809	2842	303	289	1.365	1.776
CDW150-4	8.10	8.10	2986	2986	325	328	1.852	1.311
CDW150-5	8.35	7.79	3080	2873	308	302	1.669	1.528
平均值	7.85	7.53	2894	2778	305	302	1.568	1.516

注：CDW30-1 表示硫酸盐干湿循环 30 天编号为 1 的 CFRP 试件，其他编号含义以此类推。

为了更清晰的反映硫酸盐干湿循环作用对 CFRP 片材力学性能的影响，与硫酸盐持续浸泡作用时相同，引入保持率，硫酸盐干湿循环作用后 CFRP 片材的抗拉强度、弹性模量、伸长率的保持率如图 2.10～图 2.12 所示。

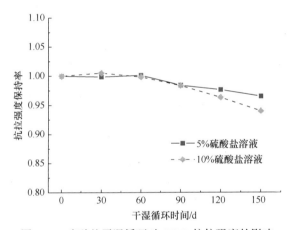

图 2.10　硫酸盐干湿循环对 CFRP 抗拉强度的影响

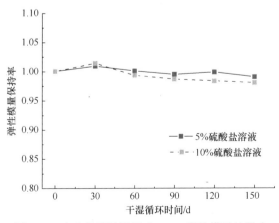

图 2.11　硫酸盐干湿循环对 CFRP 弹性模量的影响

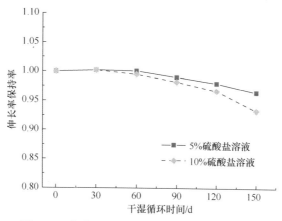

图 2.12　硫酸盐干湿循环对 CFRP 伸长率的影响

　　由图 2.10 可以看出，随着干湿循环时间的增加，CFRP 的抗拉强度逐渐降低，并且硫酸盐溶液浓度越大，抗拉强度降低幅度越大。经过 150 天硫酸盐干湿循环作用后，在硫酸盐溶液浓度为 5%、10% 两种工况下，CFRP 片材抗拉强度分别下降了 4.55%、8.38%，表明硫酸盐干湿循环作用对 CFRP 片材的抗拉强度产生不利影响，并且硫酸盐溶液浓度越高影响越显著。由图 2.11 可以看出，随着硫酸盐干湿循环时间的增加，CFRP 片材的弹性模量变化很小，而且不随溶液浓度的变化而变化，表明硫酸盐干湿循环作用对 CFRP 片材的弹性模量几乎没有影响。由图 2.12 可以看出，随着干湿循环时间的增加，CFRP 的伸长率逐渐降低，并且硫酸盐溶液浓度越大，伸长率降低幅度越显著。经过 150 天硫酸盐干湿循环作用后，在硫酸盐溶液浓度为 5%、10% 两种工况下，CFRP 片材伸长率分别下降了 3.92%、7.11%，表明硫酸盐干湿循环作用对 CFRP 片材的伸长率产生不利影响，并且硫酸盐溶液浓度越高影响越显著。

　　已有研究表明，干湿循环作用对 CFRP 本身几乎没有影响[96]，CFRP 片材力学性能降低的主要原因是黏结树脂以及黏结树脂与碳纤维界面黏结性能的损伤退化。在硫酸盐干湿循环过程中，由于黏结树脂的吸湿性溶胀和水解破裂，胶体力学性能降低，削弱了纤维与纤维之间传递应力的能力。同时，硫酸盐结晶体在 CFRP 与黏结树脂未紧密连接处和刷胶时产生的孔隙、气泡中积累，产生膨胀应力导致界面结合力降低。

2.5　冻融循环作用下 CFRP 的纵向受拉性能

2.5.1　清水冻融循环作用对 CFRP 纵向受拉性能的影响

1. 破坏过程分析

将 CFRP 试件放入橡胶桶内，加水至完全浸没 CFRP 试件，随后放入冻融循环试验箱中，分别经 25 次、50 次、75 次、100 次冻融循环后取出，表面与室温条件下放置的 CFRP 试件相比并无明显变化。将试件置于室内完全晾干，进行纵向拉伸试验。观察试件的破坏形态发现，与室温条件下的破坏形态类似。

2. 试验结果及分析

按照室温条件下的试验数据处理方法对数据进行处理(至少保留 5 组有效数据)，发现 CFRP 试件的应力–应变关系为线弹性，将其不同循环次数下的各项力学性能汇总于表 2.6。

表 2.6 清水冻融循环作用下 CFRP 试验结果

试件编号	破坏荷载/kN	抗拉强度/MPa	弹性模量/GPa	伸长率/%
WD25-1	8.15	3013	311	1.619
WD25-2	8.31	3073	305	1.642
WD25-3	8.53	3151	316	1.629
WD25-4	8.11	2997	313	1.637
WD25-5	8.50	3143	308	1.668
平均值	8.32	3075	311	1.639
WD50-1	8.56	3163	311	1.649
WD50-2	8.51	3144	313	1.662
WD50-3	8.27	3057	322	1.638
WD50-4	8.44	3132	315	1.651
WD50-5	8.32	3076	313	1.647
平均值	8.42	3114	315	1.649
WD75-1	8.54	3293	321	1.641
WD75-2	8.32	3076	338	1.662
WD75-3	8.40	3106	329	1.638
WD75-4	8.37	3076	318	1.658
WD75-5	8.30	3066	325	1.616
平均值	8.39	3123	326	1.643
WD100-1	8.60	3178	343	1.627
WD100-2	8.67	3204	339	1.638
WD100-3	8.76	3236	350	1.629
WD100-4	8.52	3158	326	1.632
WD100-5	8.48	3135	336	1.625
平均值	8.61	3182	339	1.630

注：WD25-1 表示清水冻融循环 25 次编号为 1 的 CFRP 试件，其他编号含义以此类推。

为了研究 CFRP 试件清水冻融循环后的各项力学性能的变化，将其各项力学参数与室温条件下 CFRP 试件纵向拉伸后的各项力学参数进行对比，结果见表 2.7～表 2.9。

表 2.7　抗拉强度结果对比(一)

作用环境	试件编号	抗拉强度/MPa	变化幅度/%
室温条件	RT	3032	—
清水冻融循环条件	WD25	3075	1.42
	WD50	3114	2.70
	WD75	3123	3.00
	WD100	3182	4.95

注：(1) RT 代表室温条件下的 CFRP 试件；WD25 代表清水冻融循环 25 次的 CFRP 试件，其他编号以此类推。

(2) 变化幅度为与室温条件下的结果对比求得，负值表示降低。后表同。

表 2.8　弹性模量结果对比(一)

作用环境	试件编号	弹性模量/GPa	变化幅度/%
室温条件	RT	308.1	—
清水冻融循环条件	WD25	310.6	0.08
	WD50	314.7	2.14
	WD75	326.3	5.91
	WD100	338.7	9.93

表 2.9　伸长率结果对比(一)

作用环境	试件编号	伸长率/%	变化幅度/%
室温条件	RT	1.632	—
清水冻融循环条件	WD25	1.639	0.43
	WD50	1.649	1.04
	WD75	1.643	0.67
	WD100	1.630	−0.12

由表 2.7 与表 2.8 可以看出，经过清水冻融循环后，对 CFRP 片材的抗拉强度与弹性模量并无反作用。CFRP 片材的抗拉强度与弹性模量随冻融循环次数增多均有提高，当冻融循环 100 次后，抗拉强度提高 4.95%，弹性模量提高 9.93%。冻融循环作用对 CFRP 片材的伸长率影响不明显，在 25 次、50 次、75 次冻融循环后，伸长率分别提高了 0.43%、1.04%、0.67%，而在 100 次冻融循环后，片材伸长率降低了 0.12%。这与任慧韬[34]研究的冻融循环 100 次，伸长率降低 10%左

右的结论相差较大。于爱民等[179]通过对冻融循环后的 FRP 片材进行拉伸试验得出，试验条件对 CFRP 片材的弹性模量影响不大，但在冻融循环 75 次时，片材拉伸强度是室温条件下的 0.978 倍。Armstrong[180]的试验结果表明，随冻融循环次数的增加，CFRP 片材的弹性模量有所提高，抗拉强度在冻融循环 75 次、100 次后分别提高 3.5%、4.2%，伸长率在整个试验中变化不明显。该结论与文献[181]的结论基本一致。

综上所述，清水冻融循环对 CFRP 试件的各项力学性能影响不大，主要有两方面原因：一是环氧树脂胶体在水或低温环境中仍能进行固化，使其树脂基体自身的强度和弹性模量提高，从而使 CFRP 试件的强度和弹性模量提高，并使其抗冻融能力提高；二是树脂基体与碳纤维丝之间存在细微裂隙等缺陷，水分进入其裂隙中，随着冻融循环的进行碳纤维与树脂基体脱粘，从而使 CFRP 片材的抗冻融能力降低。

2.5.2　硫酸盐冻融循环作用对 CFRP 纵向受拉性能的影响

1. 试件外观变化及破坏过程分析

经硫酸盐冻融循环后，观察其形态发现在 CFRP 试件表面附着一层白色的硫酸钠晶体，且随着浸泡时间的增加，试件表面的白色硫酸钠晶体越明显，用清水冲去 CFRP 试件表面的晶体后，观察试件外观，与室温下和清水冻融循环作用下的外观相似。但经过较长时间硫酸盐冻融循环作用后，CFRP 试件的表面光泽比室温下和清水冻融循环作用下暗淡，说明经过硫酸盐冻融循环作用后 CFRP 片材产生了一定损伤。对比室温下、清水冻融循环作用下和硫酸盐冻融循环作用下的试件拉伸试验，发现三者的破坏过程相似。当冻融时间较短时，三者的破坏形态基本相似，但随着冻融循环时间的增加，开始出现破坏面不整齐的试件，即劈裂破坏的试件开始出现且逐渐增加。

2. 试验结果及分析

经硫酸盐冻融循环作用后 CFRP 片材的应力–应变关系与室温下相似，仍然呈线性关系。硫酸盐冻融循环后 CFRP 片材的抗拉强度、弹性模量、伸长率见表 2.10。

表 2.10　硫酸盐冻融循环作用下 CFRP 试验结果

试件编号	破坏荷载/kN	抗拉强度/MPa	弹性模量/GPa	伸长率/%
YD25-1	8.25	3050	312	1.621
YD25-2	8.54	3155	309	1.634
YD25-3	8.14	3010	315	1.627
YD25-4	8.21	3035	313	1.640

续表

试件编号	破坏荷载/kN	抗拉强度/MPa	弹性模量/GPa	伸长率/%
YD25-5	8.50	3141	307	1.647
平均值	8.33	3078	311	1.634
YD50-1	8.53	3154	321	1.634
YD50-2	8.26	3054	340	1.663
YD50-3	8.44	3119	329	1.670
YD50-4	8.50	3140	318	1.629
YD50-5	8.34	3081	327	1.635
平均值	8.41	3110	327	1.646
YD75-1	8.53	3153	322	1.647
YD75-2	8.30	3068	338	1.673
YD75-3	8.40	3104	330	1.651
YD75-4	8.29	3063	317	1.629
YD75-5	8.36	3092	340	1.633
平均值	8.38	3096	329	1.647
YD100-1	8.60	3180	336	1.633
YD100-2	8.81	3258	342	1.647
YD100-3	8.48	3133	326	1.629
YD100-4	8.54	3155	348	1.638
YD100-5	8.69	3210	337	1.621
平均值	8.62	3187	338	1.634

注：YD25-1 表示硫酸盐冻融循环 25 次编号为 1 的 CFRP 试件，其他编号含义以此类推。

为了研究硫酸钠溶液中 CFRP 试件冻融循环后各项力学性能的变化，将其各项力学参数与室温条件下、清水冻融循环条件下的各项力学参数进行对比，见表 2.11～表 2.13。

表 2.11　抗拉强度结果对比(二)

试件编号	抗拉强度/MPa	变化幅度/%
RT	3032	—
WD25	3075	1.42
YD25	3078	1.52
WD50	3114	2.70
YD50	3110	2.57
WD75	3123	3.00

续表

试件编号	抗拉强度/MPa	变化幅度/%
YD75	3096	2.11
WD100	3182	4.95
YD100	3187	5.11

注：YD25 代表硫酸盐冻融循环 25 次的 CFRP 试件，其他编号含义以此类推。

表 2.12　弹性模量结果对比(二)

试件编号	弹性模量/GPa	变化幅度/%
RT	308.1	—
WD25	310.6	0.08
YD25	311.2	0.10
WD50	314.7	2.14
YD50	327.1	6.17
WD75	326.3	5.91
YD75	329.3	6.88
WD100	338.7	9.93
YD100	337.8	9.64

表 2.13　伸长率结果对比(二)

试件编号	伸长率/%	变化幅度/%
RT	1.632	—
WD25	1.639	0.43
YD25	1.634	0.12
WD50	1.649	1.04
YD50	1.646	0.86
WD75	1.643	0.67
YD75	1.647	0.92
WD100	1.630	−0.12
YD100	1.634	0.12

　　由表 2.11～表 2.13 可以看出，CFRP 片材经过清水、硫酸盐冻融循环后，其各项力学性能与室温条件相比无显著变化，且各项力学性能受清水、硫酸盐冻融循环的影响相差甚微。随硫酸盐冻融循环次数的增加，CFRP 片材抗拉强度与弹性模量均有提高，伸长率的变化不明显。由此得出，硫酸盐冻融循环后对 CFRP

片材各项力学性能无不良影响。也就是说，在西部寒旱硫酸盐地区 CFRP 片材仍具有良好的耐久性。

2.6 不同应力水平下 CFRP 的纵向受拉性能

2.6.1 室温环境下 CFRP 拉伸试验

1. 破坏过程分析

不同应力水平下 CFRP 纵向拉伸的破坏过程与非持载的 CFRP 片材破坏过程相似。整个拉伸过程中荷载-位移曲线近似为直线，破坏形态分为拉断和劈裂破坏两种。

2. 试验结果及分析

通过式(2.1)、式(2.2)、式(2.3)可以得到持载 CFRP 片材的抗拉强度、弹性模量、伸长率，计算时 CFRP 的厚度和宽度与室温下非持载 CFRP 片材相同。室温下持载 CFRP 的拉伸试验结果如表 2.14 所示。

表 2.14　室温下持载 CFRP 片材拉伸试验结果

试件编号	破坏荷载/kN	抗拉强度/MPa	弹性模量/GPa	伸长率/%
C30F2-1	8.29	3084	299	1.668
C30F2-2	8.27	3096	318	1.621
C30F2-3	8.29	3101	303	1.529
C30F2-4	8.27	3095	314	1.662
平均值	8.28	3094	309	1.620
C60F2-1	8.17	3057	321	1.604
C60F2-2	8.31	3060	303	1.613
C60F2-3	8.19	3066	317	1.617
C60F2-4	8.21	3054	315	1.626
平均值	8.22	3059	314	1.615
C90F2-1	8.13	3008	304	1.597
C90F2-2	8.08	3025	298	1.638
C90F2-3	8.23	3040	310	1.565
C90F2-4	8.00	2993	315	1.652
平均值	8.11	3017	307	1.613
C30F4-1	8.11	3037	308	1.616

续表

试件编号	破坏荷载/kN	抗拉强度/MPa	弹性模量/GPa	伸长率/%
C30F4-2	8.32	3113	304	1.606
C30F4-3	8.22	3078	305	1.617
C30F4-4	8.25	3087	300	1.582
平均值	8.23	3079	304	1.605
C60F4-1	8.11	3036	312	1.624
C60F4-2	8.10	3032	297	1.596
C60F4-3	8.08	3021	320	1.568
C60F4-4	7.98	2987	308	1.612
平均值	8.07	3019	309	1.600
C90F4-1	8.10	3033	307	1.531
C90F4-2	7.98	2986	289	1.648
C90F4-3	7.80	2919	302	1.582
C90F4-4	8.03	3007	301	1.629
平均值	7.98	2986	300	1.598

注：C30F2-1 表示室温下持载 2kN 拉伸 30 天的第一个试件，其他编号以此类推。

对比室温下非持载和持载拉伸试验结果，拉伸 90 天后，在持载为 2kN、4kN 两种工况下，CFRP 的抗拉强度分别下降了 0.42%、1.52%，伸长率分别下降了 1.16%、2.08%，表明经过持载后对 CFRP 片材的抗拉强度和伸长率产生了不利的影响。

2.6.2　硫酸盐干湿循环作用对 CFRP 纵向受拉性能的影响

1. 试件外观变化及破坏过程分析

持载后的 CFRP 试件经过硫酸盐干湿循环作用后的表面与 2.4 节相似，在整个拉伸过程中，试件的破坏过程与室温下相似，当侵蚀时间较短时，试件破坏形态也与室温下情况相似，但随着侵蚀时间的增加，部分试件破坏断面变不整齐，劈裂破坏的试件数量有所增加。

2. 试验结果及分析

将 CFRP 片材放入浓度为 5% 的硫酸钠干湿循环试验箱中，记录放入的时间，对循环次数进行设定，一个循环为一天即 24h，具体时间分配见表 2.2。每一阶段试验结束后取出 CFRP 片材进行拉伸试验。

经硫酸盐干湿循环作用后持载 CFRP 片材的应力-应变关系曲线与室温下相

似，仍然呈线性关系。硫酸盐干湿循环作用后持载 CFRP 片材的抗拉强度、弹性模量、伸长率见表 2.15。

表 2.15 不同应力水平下硫酸盐干湿循环作用后 CFRP 试验结果

试件编号	破坏荷载/kN	抗拉强度/MPa	弹性模量/GPa	伸长率/%
SDW30F2-1	8.12	3038	297	1.592
SDW30F2-2	8.21	3052	311	1.651
SDW30F2-3	8.22	3048	304	1.603
SDW30F2-4	8.27	3070	314	1.655
平均值	8.21	3052	307	1.625
SDW60F2-1	8.11	3057	318	1.620
SDW60F2-2	8.13	3044	297	1.613
SDW60F2-3	8.06	3068	326	1.592
SDW60F2-4	7.90	3041	316	1.628
平均值	8.05	3053	314	1.613
SDW90F2-1	8.08	3025	295	1.618
SDW90F2-2	7.99	2991	313	1.651
SDW90F2-3	8.10	2999	298	1.599
SDW90F2-4	7.98	2985	316	1.572
平均值	8.04	3000	305	1.610
SDW30F4-1	8.22	3075	297	1.616
SDW30F4-2	8.08	3024	307	1.584
SDW30F4-3	8.11	3035	311	1.518
SDW30F4-4	8.16	3053	294	1.682
平均值	8.14	3047	303	1.600
SDW60F4-1	8.08	3023	300	1.599
SDW60F4-2	8.12	3040	320	1.595
SDW60F4-3	8.01	2999	299	1.574
SDW60F4-4	8.00	2993	306	1.625
平均值	8.05	3014	306	1.598
SDW90F4-1	7.62	2851	295	1.627
SDW90F4-2	8.00	2995	285	1.592
SDW90F4-3	7.89	2952	310	1.601
SDW90F4-4	7.91	2961	299	1.541
平均值	7.85	2940	297	1.590

注：SDW30F2-1 表示硫酸盐干湿循环作用下持载 2kN 拉伸 30 天的第一个试件，其他编号以此类推。

对比非持载室温下和持载硫酸盐干湿循环作用下的拉伸试验结果,拉伸 90 天后,在持载为 2kN、4kN 的两种工况下,CFRP 的抗拉强度分别下降了 1.06%、3.03%,伸长率分别下降了 1.35%、2.57%;对比持载室温下和持载硫酸盐干湿循环作用下的拉伸试验结果,CFRP 的抗拉强度分别下降了 0.56%、1.56%,伸长率分别下降了 0.19%、0.50%。由此可知,持载硫酸盐干湿循环作用后 CFRP 的抗拉强度和伸长率相比室温下持载和非持载都有所降低,表明硫酸盐干湿循环和持载耦合作用对 CFRP 强度有一定影响,但相对而言这种影响很小,在实际应用中可以认为 CFRP 是一种稳定的材料。

2.7　本章小结

通过 CFRP 片材在室温、硫酸盐持续浸泡作用、硫酸盐干湿循环作用、冻融循环作用以及不同应力水平下的纵向拉伸试验,研究了硫酸盐侵蚀环境对 CFRP 片材破坏形态、应力-应变关系、抗拉强度、弹性模量、伸长率的影响,得到以下主要结论:

(1) CFRP 片材在不同试验环境作用下的破坏形态分为三种:断口较平整的拉断破坏、断口参差不齐的劈裂破坏、局部被拉断的单股断裂,其中第一种破坏形式较为理想。在工程实际中,工况越复杂,环境越恶劣,越不容易出现第一种破坏形式。

(2) 硫酸盐持续浸泡作用、硫酸盐干湿循环作用、冻融循环作用和不同应力水平下对 CFRP 片材的应力-应变关系基本没有影响,在侵蚀前后 CFRP 片材的应力-应变关系均为线弹性。

(3) 硫酸盐持续浸泡作用下,随着硫酸盐浸泡时间的增加,CFRP 的抗拉强度和伸长率均呈下降趋势,但下降幅度在 6% 以内,弹性模量在侵蚀前后基本无变化。

(4) 硫酸盐干湿循环作用下,随着硫酸盐干湿循环次数的增加,CFRP 的抗拉强度、伸长率均逐渐降低,但下降幅度在 9% 以内,弹性模量随干湿循环时间的变化极小。

(5) 冻融循环作用下,相比于室温环境,有限次的清水冻融循环和硫酸盐冻融循环后,CFRP 片材的抗拉强度和弹性模量均有所提高,伸长率变化不多。进行 100 次冻融循环后,抗拉强度提高 5% 左右,弹性模量提高 10% 以内,伸长率变化幅度为 0.1% 左右。因此,CFRP 片材在西部寒旱硫酸盐地区仍具有良好的耐久性。

(6) 不同应力水平下,在整个试验过程中,CFRP 片材抗拉强度前期有所增加,之后下降,但下降幅度不大,最大为 2.57%。弹性模量变化趋势总体上升,最后阶段有所下降但总体来看也比常温无荷载时大。伸长率随时间增长逐渐下降,但下降幅度很小,最大为 1.56%。所以总体上持载对 CFRP 力学性能影响不大,CFRP 片材耐久性良好。

第3章 硫酸盐环境下 CFRP-混凝土界面
黏结性能试验研究

CFRP 加固混凝土构件是通过 CFRP 与混凝土界面间的黏结力实现两种材料之间的荷载传递，从而使两种材料组合在一起协同工作。因此，CFRP 与混凝土之间良好的黏结性能是保证 CFRP 与混凝土共同受力变形的基础[182]。在实际工程中，大多数加固构件处于室外或恶劣环境下，随着环境作用时间的延长，界面的黏结性能会出现退化，使得加固构件的承载力降低。在我国西部地区，内陆盐渍土和盐湖中硫酸盐浓度相当高，盐湖中硫酸根离子浓度是海水的 5～10 倍，而硫酸盐对混凝土结构的腐蚀属于强腐蚀。在硫酸盐腐蚀环境中，CFRP-混凝土界面性能会随着时间的推移而退化，在一定程度上直接影响界面的黏结性能，最终出现不可避免的耐久性问题。因此，硫酸盐环境对 CFRP-混凝土界面性能的影响已成为西部硫酸盐环境下 CFRP 加固混凝土结构必须要解决的科学问题。

本章采用双面剪切试件，对室温下、硫酸盐持续浸泡作用和硫酸盐干湿循环作用下 CFRP-混凝土界面黏结性能进行试验研究。分析硫酸盐侵蚀环境作用对 CFRP-混凝土界面的破坏形态、极限承载力、应力和应变分布、有效黏结长度等性能参数的影响；探讨硫酸盐侵蚀环境下，混凝土水胶比、粉煤灰掺量及界面黏结长度对界面力学性能的影响。

3.1 试 验 概 述

3.1.1 试验材料

1) CFRP 片材

试验用碳纤维布为 SKO 牌一级碳纤维布，黏结树脂采用 SKO 牌碳纤维环氧树脂浸渍胶。CFRP 和黏结树脂性能参数详见第 2 章。

2) 混凝土试件

水泥采用祁连山牌 42.5 级普通硅酸盐水泥；细骨料采用天然黄河砂，细度模数为 3.0；粗骨料采用最大粒径为 20mm 的卵石(5～10mm 粒径与 10～20mm 粒径的质量比为 1：2)；粉煤灰采用的是品质良好的 II 级粉煤灰；拌合水为自来水，减水剂采用 UNF-Ⅰ 型萘系高性能减水剂。试验用原材料的各项指标如表 3.1～表 3.5 所示。

表 3.1　水泥性能指标

标准稠度用水量(质量分数)/%	凝结时间/min		细度(80μm 筛余)/%	抗折强度/MPa		抗压强度/MPa	
	初凝	终凝		3d	28d	3d	28d
28	140	220	3.0	3.9	8.1	19.7	43.6

表 3.2　粉煤灰技术性能指标

数据来源	细度/%(0.045mm)	需水量比/%	SO_3^{2-} 含量/%	含水量/%	烧失量/%	质量等级
GB/T 1596—2017	≤25	≤105	≤3.0	≤1.0	≤8.0	Ⅱ级
实测数据	16.4	98	1.22	0.8	6.2	Ⅱ级

表 3.3　粉煤灰化学成分

化学成分	SiO_2	Al_2O_3	Fe_2O_3	CaO	MgO	SO_3
含量	48.28%	25.58%	12.34%	3.34%	0.81%	1.22%

表 3.4　砂的物理性能

级配/mm	细度模数	表观密度/(kg/m³)	堆积密度/(kg/m³)	含泥量/%
0.16～5	2.8	2480	1430	1.2

表 3.5　卵石的物理性能

级配/mm	表观密度/(kg/m³)	堆积密度/(kg/m³)	紧密堆积密度/(kg/m³)	含泥量/%
5～20	2730	1480	1630	0.76

　　试验设计了水胶比 W 为 0.53、0.44、0.35 三种类型的混凝土，混凝土配合比如表 3.6 所示。混凝土试件共三种规格：100mm×100mm×100mm、100mm×100mm×180mm、100mm×100 mm×220mm。

表 3.6　不同水胶比混凝土配合比

水胶比	质量/kg						抗压强度/MPa
	水泥	粉煤灰	水	砂	石	减水剂	
0.53	330.0	—	175	662	1228	—	32.8
	297.0	33.0	175	662	1228	—	33.1

续表

水胶比	质量/kg						抗压强度/MPa
	水泥	粉煤灰	水	砂	石	减水剂	
	280.5	49.5	175	662	1228	—	30.9
0.53	264.0	66.0	175	662	1228	—	31.3
	247.5	82.5	175	662	1228	—	30.1
0.44	420.0	—	185	592	1253	1.5	43.2
0.35	515.0	—	180	528	1269	3.6	51.8

注：表中为 1m³ 混凝土中的质量。

3) CFRP 和混凝土双剪试件制作步骤

(1) 对混凝土试件粘贴 CFRP 一层的表面进行打磨，磨去试件表面的浮浆层，直到露出粗骨料为止。

(2) 用毛刷刷去试件表面的混凝土颗粒后，用湿抹布擦去混凝土表面的浮灰，干燥后用无水乙醇或丙酮再擦一遍，待表面干燥后，用记号笔画线定位，用透明胶带对非粘贴区域封闭，以避免刷胶过程中溢出的树脂胶与非粘贴区域黏结影响试验结果。

(3) 调制底胶，将底胶均匀的刷在混凝土表面，然后放置 3～6h，待混凝土表面的底胶指触不粘手后进行后续操作。

(4) 调制浸渍胶，将其均匀刷在粘贴区域，然后粘贴 CFRP 布，用滚筒来回滚动压实使胶浸透碳纤维布，并随时对碳纤维布进行调整，以免碳纤维布滑出粘贴区域，最后在碳纤维布的表面再刷一层浸渍胶。

(5) 试件两侧的碳纤维片材的胶体凝固后，在非测试一侧粘贴 50mm×100mm 的加强片，以保证剥离破坏发生在指定测试区域。

(6) 试件制作好后，在室温下养护一周后进行后续试验。

CFRP-混凝土双剪试件的制作过程如图 3.1 所示。

(a) 混凝土成型及养护　　　　　(b) 试块划线打磨　　　　　(c) 刷胶、粘贴CFRP片材

(d) 另一面刷胶、粘贴CFRP　　　　(e) 静置固化　　　　(f) CFRP-混凝土试件

图 3.1　CFRP-混凝土双剪试件制作过程

3.1.2　试验环境

CFRP-混凝土试件的试验环境分为以下三类。

(1) 室温环境：作为试验对比环境。

(2) 硫酸盐持续浸泡环境与第 2 章相同，采用 5%与 10%浓度的硫酸钠溶液。试件放入硫酸盐溶液中后，分别在浸泡 50 天、100 天、180 天、270 天、360 天时从不同浓度的溶液中各取出一组进行测试，每组 3 个试件。采用大号收纳箱对试件进行硫酸盐持续浸泡，如图 3.2 所示。

图 3.2　硫酸盐持续浸泡试件

(3) 硫酸盐干湿循环环境与第 2 章相同，采用 5%与 10%浓度的硫酸钠溶液。试件放入硫酸盐溶液中后，分别在干湿循环 30 天、60 天、90 天、120 天、150 天时从不同浓度的溶液中取出 3 个试件进行测试。硫酸盐干湿循环试验箱如图 3.3 所示。

3.1.3　加载装置

为使试验过程中试件传力明确，在文献[45]加载装置的基础上，结合本次试验特点对加载装置进行了改进，如图 3.4 所示。试验仪器与第 2 章相同，加载过程同样采用位移控制，但加载速率为 0.2mm/min。对试件进行拉伸前，先施加预拉

图 3.3　硫酸盐干湿循环试验箱

荷载，检查夹具、拉力机、荷载传感器和应变采集系统运行是否正常。确保测试系统正常后进行双剪试件的拉伸试验，同时对试验过程、试件破坏形式、测试数据进行记录。

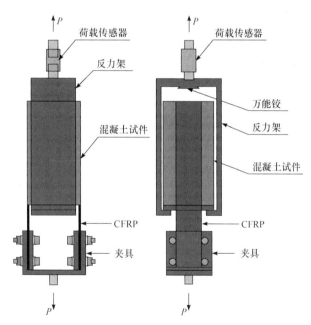

图 3.4　CFRP-混凝土双剪试验的加载装置

3.1.4　测试内容与测试原理

1) 荷载测试

试验中施加于双剪试件上的荷载由拉力机自动采集，并由连接在夹具端头的荷载传感器进行校核。

2) 应变测量

通过在 CFRP 表面粘贴的应变片测量荷载作用下 CFRP 应变的变化规律。应变片沿 CFRP 表面的中线布置，所有试件在加载端处第 1、2 个应变片粘贴位置相同，然后由加载端向自由端的方向每隔 20mm 粘贴一个应变片，由黏结长度确定应变片的粘贴个数，对于自由端处的最后一个应变片，可以根据剩余黏结长度适当减小粘贴间距。CFRP-混凝土双剪试件示意图如图 3.5 所示，应变数据由 DH3816 静态应变测试系统采集。应变测点编号自加载端至自由端依次为 1～10。

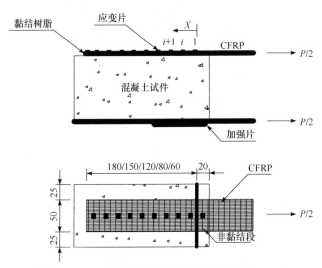

图 3.5　CFRP-混凝土双剪试件示意图(单位: mm)

3.2　室温下的试验结果

3.2.1　破坏过程及破坏形态分析

室温环境下，在加载初期，随着荷载的增加 CFRP 逐渐被拉紧，在此过程中试件不时发出轻微的响声，原因是试件制作过程中涂胶不均匀或某些碳纤维丝出现抽丝使得黏结方向与受力方向不平行，在拉伸过程中提前断裂，不同类型的试件在该阶段的拉伸过程相同。随着荷载的继续增加，快要接近剥离荷载时不同类型试件的破坏过程出现了明显的差别。从不同因素对试件破坏过程的影响程度来看，CFRP 的黏结长度对破坏过程影响较大，而混凝土的水灰比、粉煤灰掺量对其几乎没有影响。对于黏结长度较长的试件，随着荷载的继续增加，试件不断发出 "噼噼啪啪" 的响声，表明黏结界面开始发生剥离，突然 "啪" 的一声，片材从混凝土表层剥离下来，试件完全破坏。黏结长度较短时，出现连续响声的时间较短或者试件达到极限荷载后突然破坏而不出现连续响声，其中黏结长度为 60mm 的试件大多在破坏前没有征兆，突然破坏[183]。

从试件的破坏形态来看，所有试件的破坏面均出现在黏结界面以下的混凝土中，文献[183]～[185]的研究结果与此类似，CFRP 上粘有大量被拉下的混凝土碎屑与颗粒，混凝土表面凹凸不平，并在加载端产生三角剪切区，与 CFRP 轴线的夹角约 45°。黏结长度、混凝土强度不同，试件的破坏形态略有不同，大体表现为以下规律：①CFRP 黏结长度越长，在加载端出现的三角剪切区越小；②黏结长度较长的试件，自由端附近破坏面多出现在胶体与混凝土的黏结界面处，并且 CFRP 上黏结的混凝土颗粒较少，而黏结长度较短的试件自由端处有大量混凝土被拉下。试件典型破坏形态如图 3.6 所示。

(a) SW10-A-0-60　　　　　　　　　(b) SW10-B-0-180

图 3.6　试件典型破坏形态

3.2.2　极限承载力变化规律

表 3.7 为室温环境下各组试件极限承载力试验结果，由表可以看出，混凝土水胶比、CFRP 黏结长度均对试件极限承载力有一定的影响，但混凝土粉煤灰掺量对界面极限承载力的影响较小，原因是虽然加入粉煤灰会使混凝土的强度有所下降，但试验混凝土粉煤灰掺量最大只有 25%，对混凝土强度的影响较小，而许多研究表明界面极限承载力与混凝土抗压强度的平方根或四次方根成比例[45,48]，因此粉煤灰掺量对 CFRP-混凝土双剪试件极限承载力影响较小。

表 3.7　室温环境下试件极限承载力试验结果

试件编号	水胶比	粉煤灰掺量/%	黏结长度/mm	极限承载力平均值/kN
SW-A-0-60	0.53	0	60	16.7
SW-A-0-80	0.53	0	80	18.2
SW-A-0-120	0.53	0	120	18.9

续表

试件编号	水胶比	粉煤灰掺量/%	黏结长度/mm	极限承载力平均值/kN
SW-A-0-150	0.53	0	150	19.5
SW-A-0-180	0.53	0	180	20.2
SW-A-10-180	0.53	10	180	19.6
SW-A-15-180	0.53	15	180	18.9
SW-A-20-180	0.53	20	180	20.4
SW-A-25-180	0.53	25	180	19.5
SW-B-0-180	0.44	0	180	21.1
SW-C-0-180	0.35	0	180	22.5

注：SW-A-0-60 表示室温下水胶比为 0.53，黏结长度为 60mm，未掺粉煤灰的试件，其他编号含义以此类推。

　　双剪试件极限承载力随混凝土水胶比的变化见图 3.7。从图中可以看出，试件的极限承载力随着水胶比的增大而减小，原因是室温环境下 CFRP-混凝土界面的破坏面出现在界面以下的混凝土层中，界面的承载力主要取决于破坏面处混凝土的抗拉强度，而混凝土的水胶比越小其抗压强度越高，CFRP-混凝土界面的黏结强度越强，极限承载力越大。

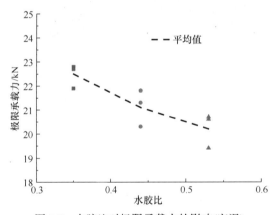

图 3.7　水胶比对极限承载力的影响(室温)

　　CFRP-混凝土试件极限承载力随 CFRP 黏结长度的变化见图 3.8。从图中可以看出，试件极限承载力随 CFRP 黏结长度的增加而提高，但极限承载力并不随黏结长度的增加呈线性增加，当黏结长度较短时，极限承载力随黏结长度的增加幅度较大；当黏结长度超过某一值后，极限承载力随黏结长度增加的幅度明显变小。原因在于黏结长度小于有效黏结长度时，黏结长度的增加会直接增加黏结界面的传力面积，极限承载力提高幅度较大，而当黏结长度大于有效黏结长度时，黏结长度的增加并没有增加界面的有效传力面积，承载力提高部分主要由剥离后界面的机械咬合力和摩擦力提供。

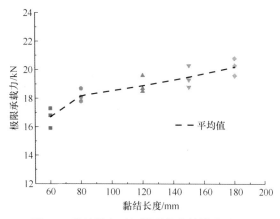

图 3.8 黏结长度对极限承载力的影响(室温)

3.2.3 应变分布规律

通过 CFRP 表面粘贴的应变片可以得到荷载变化时应变沿黏结长度方向的分布，加载过程中的应变 ε 随距加载端距离 x 的变化如图 3.9 所示。从图中可以看出，应变曲线大致可以分为两类，即 CFRP 黏结长度较短时对应的曲线和黏结长度较长时对应的曲线。

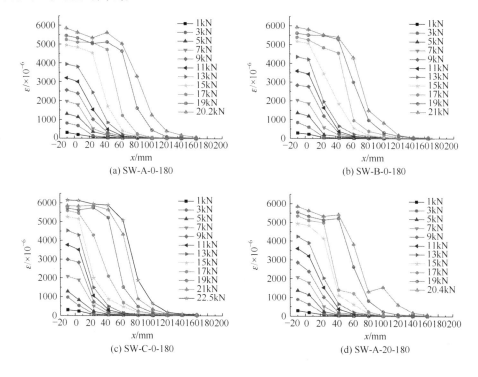

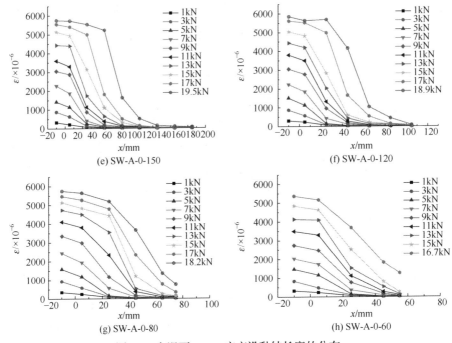

图 3.9 室温下 CFRP 应变沿黏结长度的分布

对于 CFRP 黏结长度较长的试件，在整个加载过程中，各级荷载下 CFRP 表面应变分布可以分为 3 个阶段：①在加载初期，只在加载端处产生应变，远离加载端处应变几乎为零，随着荷载的增加，CFRP 应变由加载端逐渐向自由端扩展；②当荷载达到剥离荷载后，加载端处界面开始剥离，剥离处应变在一个范围内波动，应变达到最大值，此时，自由端处应变仍为零，随着加载的进行，应变峰值不断向自由端移动，应变曲线靠近加载端一侧出现平行段，曲线整体呈两头平行中间倾斜的近“S”形，在剥离过程中，曲线倾斜区域迅速向自由端等长移动，但荷载几乎不再增加或增加幅度较小；③当剥离发展到自由端时，由于端部黏结增强作用，荷载略微增加，界面破坏时伴有一声巨响，但是所有试件直到破坏时，自由端附近一段距离内应变值仍然很小，称该种类型的应变曲线为第一类应变曲线。文献[184]也得到了类似的结果。

对于黏结长度较短的试件，CFRP 应变的发展过程不会出现水平段，当荷载达到剥离荷载时界面迅速剥离[183]。在加载初期，自由端处产生应变，并且该处应变略高于中间段的应变，原因是 CFRP 的黏结长度较小，荷载很小时界面会整体传力，自由端处界面的增强作用使得在荷载较小时自由端处应变略大于中间区域，但最终破坏时自由端处应变也远小于最大值，称该种类型的应变曲线为第二类应变曲线。

从试验结果来看，混凝土的水胶比对 CFRP 的应变有一定影响，水胶比越小，CFRP 的应变最大值越大。混凝土粉煤灰掺量的变化对 CFRP 应变及应变分布影响较小。

3.2.4 有效黏结长度

CFRP 与混凝土的黏结强度并不总随着黏结长度的增加而增加，很多研究表明 CFRP-混凝土界面存在一个有效黏结长度 L_e[33,45]。Yuan 等[64]将有效黏结长度定义为该黏结长度上传递的剪应力提供的全部抗力至少是接头所承受荷载的 97% 的黏结长度，但是试验中很难直接测得达到极限荷载时的有效黏结长度。Nakaba 等[186]建议有效黏结长度取剪应力沿黏结长度分布图上峰值剪应力两侧两点之间的距离，这两点与峰值剪应力的 10% 对应，即应力传递长度，如图 3.10(a)所示。由于应力传递长度与应变曲线倾斜段对应的长度一致，本书将应变曲线的倾斜段对应的黏结长度定义为有效黏结长度，如图 3.10(b)所示。

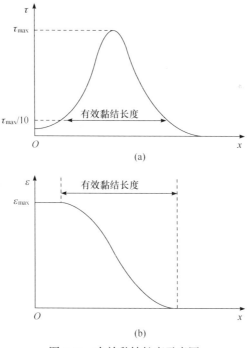

图 3.10 有效黏结长度示意图

由于材料的不均匀性，已剥离部位 CFRP 的应变并不完全相等，而是呈锯齿状分布。为了更好地考察应变分布规律，采用退化公式(3.1)[187]对应变分布曲线进行拟合，取应变曲线的上升段对应的黏结长度为有效黏结长度。

$$\varepsilon(x) = \varepsilon_0 + \frac{\alpha}{1 + e^{\frac{x - x_0}{\beta}}} \tag{3.1}$$

式中，$\varepsilon(x)$ 为距自由端 x(mm) 处的应变；ε_0、x_0、α、β 是根据已有应变值通过非线性回归方法确定出的使曲线能很好吻合的实测应变参数。

　　通过对试件应变曲线的分析可知，由于界面摩擦力的存在，当界面剥离后 CFRP 应变还有一个小幅上升的过程。因此，本章取拟合曲线上应变值为最大应变 2% 和 98% 的两点间的长度作为有效黏结长度。CFRP 黏结长度较短时，应变曲线在自由端附近不可能出现应变较小的平直段，所得应变曲线的上升段可能小于或等于有效黏结长度。因此，只对黏结长度较长的试件得到的应变曲线采用式(3.1)进行拟合，确定界面有效黏结长度，如图 3.11 所示。通过对剥离过程中所有试件

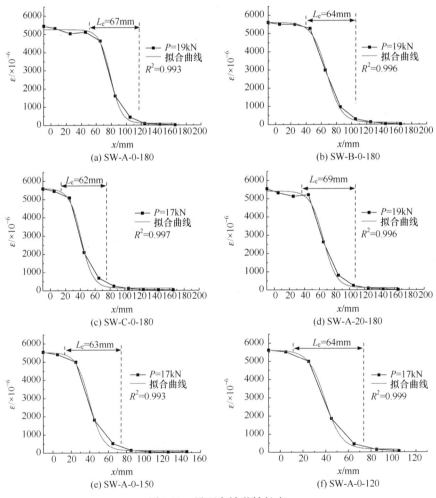

图 3.11　界面有效黏结长度

应变拟合曲线的分析，得出室温下试件的有效黏结长度为 60～70mm，这与黏结长度为 60mm 和 80mm 的试件的应变曲线在自由端附近不出现应变较小的平直段相符，因为此时界面黏结长度小于或等于有效黏结长度。其中水胶比对黏结长度有一定影响，水胶比较小时有效黏结长度相对较小，粉煤灰掺量对有效黏结长度几乎没有影响。

很多研究表明有效黏结长度与 CFRP 的厚度、弹性模量及混凝土的强度有关[34,188]，本书在文献[48]给出的有效黏结长度计算公式的基础上，根据试验结果，建立了有效黏结长度计算公式：

$$L_{\mathrm{e}} = 0.933\sqrt{\frac{E_{\mathrm{f}}t_{\mathrm{f}}}{\sqrt{f_{\mathrm{c}}}}} \tag{3.2}$$

式中，E_{f}、t_{f} 分别为 CFRP 的弹性模量和厚度；f_{c} 为混凝土的抗压强度。

3.2.5　界面剪应力分布规律

通过在 CFRP 表面布置的应变片可以得到各点处的应变分布，在此基础上，通过差分方程可得到相应的局部黏结应力：

$$\tau_{\mathrm{f},i} = \frac{E_{\mathrm{f}}t_{\mathrm{f}}\mathrm{d}\varepsilon_{\mathrm{f}}}{\mathrm{d}x} = \frac{\left(\varepsilon_{\mathrm{f},i} - \varepsilon_{\mathrm{f},i-1}\right)t_{\mathrm{f}}E_{\mathrm{f}}}{\Delta l_{\mathrm{b},i}} \tag{3.3}$$

式中，$\tau_{\mathrm{f},i}$ 为 $i-1$ 和 i 点处的平均黏结剪应力；$\varepsilon_{\mathrm{f},i}$ 为 i 点处的应变；$\Delta l_{\mathrm{b},i}$ 为 $i-1$ 与 i 点之间的距离。

室温条件下，CFRP-混凝土双剪试件在不同荷载条件下界面剪应力沿 CFRP 黏结方向的分布见图 3.12。从图中可以看出，黏结长度较长的试件在整个加载过程中界面剪应力的传递可以大致分为两个阶段。在加载初期，荷载较小，只在加载端附近存在剪应力，随着荷载的增加，加载端的界面剪应力不断增加并向自由端传递，界面传力区间不断增加，但自由端附近界面剪应力仍为零；当荷载接近剥离荷载后，加载端界面剪应力开始下降，界面峰值剪应力不断向自由端移动，直至界面剥离破坏，但在试件破坏时在自由端附近的界面剪应力仍然很小。对于黏结长度较短的试件，几乎不存在界面峰值剪应力从加载端向自由端移动的现象，同时在界面剥离破坏时，自由端存在较大的剪应力。从图中还可以看出，界面剪应力最大值几乎不在加载端的第一个点上，这可能是因为在试验过程中，第一个应变片贴在距离加载端 5mm 处，一方面试件在搬运过程中端部界面容易损伤，另一方面端部界面容易形成应力集中提前剥离。

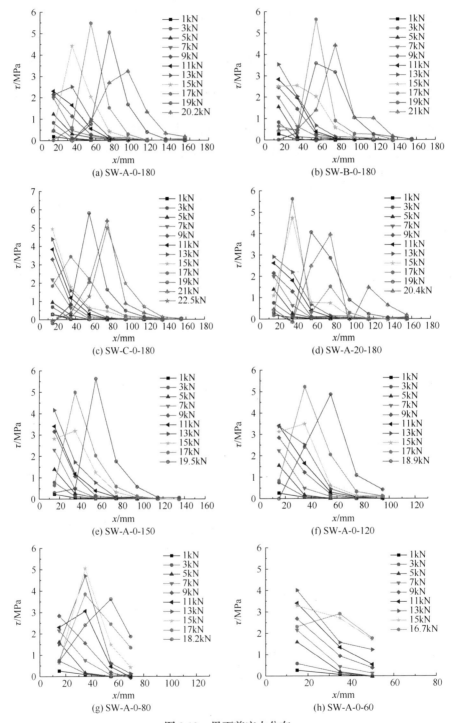

图 3.12 界面剪应力分布

通过对不同水胶比和不同黏结长度试件的界面剪应力分布趋势的比较分析，得到如下规律：①界面剪应力最大值随着水胶比的减小有所增大；②黏结长度较长的试件($L \geqslant 120mm$)，在整个加载过程中自由端附近一段距离内界面剪应力较小，几乎接近0；③黏结长度较短的试件(黏结长度为60mm和80mm的试件)，在接近剥离荷载时，自由端处出现较大的剪应力，同时由于传力长度不够，界面剪应力的最大值偏小；④界面剪应力的有效传递长度基本在60～70mm，与3.2.4小节得到的CFRP有效黏结长度为60～70mm吻合。

3.3　硫酸盐持续浸泡作用下的试验结果

3.3.1　破坏过程及破坏形态分析

经过硫酸盐持续浸泡后，试件的破坏过程与室温下基本相同，但试件的破坏形态发生了明显的变化，由室温下的混凝土层的破坏逐渐变为胶体与混凝土接触面的破坏。通过对试验结果的归纳分析，试件破坏形态可分为两类。Ⅰ类破坏形态：破坏形态与室温下相同，即破坏面发生在胶层以下的混凝土层中，CFRP上粘有大量被拉下的混凝土碎屑与颗粒，混凝土表面凹凸不平，并在加载端有与CFRP轴线呈约45°角的三角剪切区；Ⅱ类破坏形态：破坏面发生在混凝土表层或黏结界面处，CFRP片材上不再粘有混凝土碎屑，只粘有少量混凝土颗粒，加载端不再出现三角剪切区。

图3.13为硫酸盐持续浸泡作用下不同类型的试件典型破坏形态。通过对试件破坏形态的分析，发现侵蚀时间、硫酸盐浓度、CFRP黏结长度、混凝土水胶比及粉煤灰掺量均会影响试件的破坏形态，大体表现为如下规律。

(1) 侵蚀时间对破坏形态的影响：在侵蚀初期，试件的破坏形态与室温下相同为Ⅰ类破坏，随着侵蚀时间的增加破坏面进入混凝土层的深度逐渐变浅，破坏形态逐渐由Ⅰ类破坏向Ⅱ类破坏转变。

(2) 混凝土水胶比对破坏形态的影响：混凝土水胶比越小试件破坏形态由Ⅰ类破坏向Ⅱ类破坏转变的时间越长。例如，水胶比 $W=0.53$ 的试件，硫酸盐溶液浓度为10%时，侵蚀50天后开始出现Ⅱ类破坏；而水胶比 $W=0.35$ 的试件，侵蚀100天后开始出现Ⅱ类破坏，说明水胶比较小的混凝土具有较好的耐久性。

(3) 混凝土粉煤灰掺量对破坏形态的影响：粉煤灰掺量越高的试件破坏形态由Ⅰ类破坏向Ⅱ类破坏转变的时间越长。例如，粉煤灰掺量为20%的试件，硫酸盐溶液浓度为10%时，持续浸泡100天后仍有Ⅰ类破坏出现，说明较高的粉煤灰掺量使界面耐久性得到提高。

(4) CFRP黏结长度对破坏形态的影响：CFRP黏结长度对破坏形态的影响较

小，主要表现为黏结长度越长的试件出现Ⅱ类破坏的时间越早。

(a) JP10-A-0-180-50　　　　(b) JP10-A-0-180-360　　　　(c) JP10-C-0-180-100

(d) JP10-A-20-180-100　　　　(e) JP10-A-0-60-100　　　　(f) JP5-A-0-180-100

图 3.13　硫酸盐持续浸泡作用下试件典型破坏形态

(5) 硫酸盐浓度对破坏形态的影响：硫酸盐浓度越高试件破坏形态由Ⅰ类破坏向Ⅱ类破坏转变的时间越短。例如，水胶比为 0.53，未掺粉煤灰的试件，硫酸盐溶液浓度为 5%时，侵蚀 100 天后开始出现Ⅱ类破坏；而硫酸盐浓度为 10%时，侵蚀 50 天后开始出现Ⅱ类破坏，说明硫酸盐浓度越高对界面的腐蚀越严重。

由第 2 章的试验结果可知，在硫酸盐持续浸泡作用下 CFRP 片材的力学性能会出现小幅下降，但由于 CFRP 和黏结树脂的强度远高于混凝土的强度，CFRP 和黏结树脂黏结性能的下降对 CFRP-混凝土界面黏结性能的退化影响较小，因此 CFRP-混凝土双剪试件界面破坏形态改变的原因主要是混凝土性能的退化。在硫酸盐持续浸泡作用下，硫酸盐进入混凝土内部，在混凝土的孔隙中不断积累结晶，并且水泥的水化产物会与硫酸根离子反应生成钙矾石和石膏等膨胀产物。一方面这些膨胀产物的形成使得水泥的水化产物不断分解或溶出，导致混凝土强度的降低；另一方面这些膨胀产物和盐类结晶填充了混凝土孔隙，产生的膨胀应力引起混凝土破坏。随着硫酸盐浸泡时间的增加，混凝土开始出现裂缝，界面处混凝土的抗拉强度降低，黏结界面的破坏面开始由混凝土层转变为黏结界面处，同时较低的水胶比和较高的粉煤灰掺量使得混凝土抗硫酸盐侵蚀能力增强，界面的耐久性提高，试件破坏形态由Ⅰ类破坏向Ⅱ类破坏转变的时间变长。

3.3.2　极限承载力变化规律

表 3.8 给出了硫酸盐持续浸泡作用下，硫酸盐浓度(C)、CFRP 黏结长度(L)、混凝土水胶比(W)及粉煤灰掺量(F)等参数变化时，不同侵蚀时间、不同类型 CFRP-混凝土双剪试件极限承载力试验结果。

表 3.8　硫酸盐持续浸泡作用下试件极限承载力试验结果

试件编号	硫酸盐浓度/%	水胶比	粉煤灰掺量/%	黏结长度/mm	侵蚀时间/d	极限承载力平均值/kN
JP10-A-0-60-50	10	0.53	0	60	50	16.2
JP10-A-0-80-50	10	0.53	0	80	50	17.7
JP10-A-0-120-50	10	0.53	0	120	50	19.3
JP10-A-0-150-50	10	0.53	0	150	50	19.3
JP10-A-0-180-50	10	0.53	0	180	50	20.7
JP10-A-10-180-50	10	0.53	10	180	50	19.8
JP10-A-15-180-50	10	0.53	15	180	50	19.5
JP10-A-20-180-50	10	0.53	20	180	50	20.7
JP10-A-25-180-50	10	0.53	25	180	50	20.0
JP10-A-0-60-100	10	0.53	0	60	100	13.2
JP10-A-0-80-100	10	0.53	0	80	100	14.2
JP10-A-0-120-100	10	0.53	0	120	100	17.8
JP10-A-0-150-100	10	0.53	0	150	100	17.5
JP10-A-0-180-100	10	0.53	0	180	100	18.7
JP10-A-10-180-100	10	0.53	10	180	100	19.1
JP10-A-15-180-100	10	0.53	15	180	100	18.7
JP10-A-20-180-100	10	0.53	20	180	100	21.1
JP10-A-25-180-100	10	0.53	25	180	100	19.7
JP10-A-0-60-180	10	0.53	0	60	180	13.6
JP10-A-0-80-180	10	0.53	0	80	180	14.2
JP10-A-0-120-180	10	0.53	0	120	180	16.3
JP10-A-0-150-180	10	0.53	0	150	180	16.0
JP10-A-0-180-180	10	0.53	0	180	180	17.5
JP10-A-10-180-180	10	0.53	10	180	180	17.7
JP10-A-15-180-180	10	0.53	15	180	180	17.6

续表

试件编号	硫酸盐浓度/%	水胶比	粉煤灰掺量/%	黏结长度/mm	侵蚀时间/d	极限承载力平均值/kN
JP10-A-20-180-180	10	0.53	20	180	180	19.6
JP10-A-25-180-180	10	0.53	25	180	180	18.7
JP10-A-0-60-270	10	0.53	0	60	180	10.9
JP10-A-0-80-270	10	0.53	0	80	270	12.6
JP10-A-0-120-270	10	0.53	0	120	270	13.9
JP10-A-0-150-270	10	0.53	0	150	270	14.2
JP10-A-0-180-270	10	0.53	0	180	270	15.8
JP10-A-10-180-270	10	0.53	10	180	270	16.1
JP10-A-15-180-270	10	0.53	15	180	270	16.3
JP10-A-20-180-270	10	0.53	20	180	270	17.8
JP10-A-25-180-270	10	0.53	25	180	270	17.3
JP10-A-0-60-360	10	0.53	0	60	360	8.7
JP10-A-0-80-360	10	0.53	0	80	360	10.2
JP10-A-0-120-360	10	0.53	0	120	360	11.5
JP10-A-0-150-360	10	0.53	0	150	360	12.1
JP10-A-0-180-360	10	0.53	0	180	360	12.7
JP10-A-10-180-360	10	0.53	10	180	360	12.8
JP10-A-15-180-360	10	0.53	15	180	360	13.3
JP10-A-20-180-360	10	0.53	20	180	360	14.9
JP10-A-25-180-360	10	0.53	25	180	360	14.5
JP10-B-0-180-50	10	0.44	0	180	50	21.9
JP10-B-0-180-100	10	0.44	0	180	100	21.2
JP10-B-0-180-180	10	0.44	0	180	180	18.8
JP10-B-0-180-270	10	0.44	0	180	270	17.5
JP10-B-0-180-360	10	0.44	0	180	360	14.7
JP10-C-0-180-50	10	0.35	0	180	50	23.1
JP10-C-0-180-100	10	0.35	0	180	100	22.7
JP10-C-0-180-180	10	0.35	0	180	180	20.9
JP10-C-0-180-270	10	0.35	0	180	270	19.4
JP10-C-0-180-360	10	0.35	0	180	360	16.8
JP5-A-0-180-50	5	0.53	0	180	50	21.0
JP5-A-0-180-100	5	0.53	0	180	100	19.3
JP5-A-0-180-180	5	0.53	0	180	180	18.6
JP5-A-0-180-270	5	0.53	0	180	270	17.3
JP5-A-0-180-360	5	0.53	0	180	360	14.2

注：JP10-A-0-60-50 表示硫酸钠溶液浓度为 10%，水胶比为 0.53，黏结长度为 60mm，未掺粉煤灰，持续浸泡 50 天的试件，其他编号含义以此类推。

不同水胶比的双剪试件极限承载力保持率(不同侵蚀时间的极限承载力与未受侵蚀时的极限承载力比值，即 $P_{u,T}/P_{u,0}$)随侵蚀时间的变化见图 3.14。从图中可以看出，所有试件的极限承载力随侵蚀时间变化趋势基本一致，均表现为在侵蚀初期试件极限承载力保持不变或略有提高，随着侵蚀时间的增加，极限承载力不断降低。从图中还可以看出，水胶比越大，试件极限承载力开始出现下降所需的时间越短，而且下降的速率越快。水胶比为 0.53 的试件在浸泡 50 天后极限承载力开始下降，试验结束时承载力下降了约 37%；而水胶比为 0.35 的试件浸泡 100 天极限承载力出现下降，试验结束时承载力下降了约 25%。说明混凝土水胶比较小时，CFRP-混凝土界面的抗硫酸盐侵蚀性能较好。

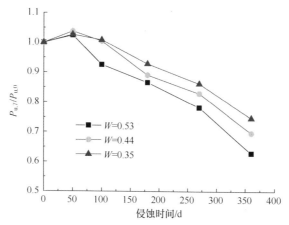

图 3.14　水胶比对极限承载力保持率的影响(硫酸盐持续浸泡)

不同粉煤灰掺量的双剪试件极限承载力保持率随侵蚀时间的变化见图 3.15。从图中可以看出，随着混凝土中粉煤灰掺量的增加，极限承载力开始出现下降所

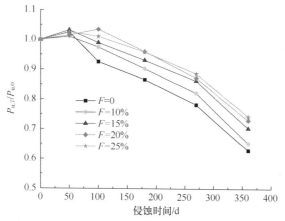

图 3.15　粉煤灰掺量对极限承载力保持率的影响(硫酸盐持续浸泡)

需的时间逐渐变长，而且下降的速率逐渐放缓。粉煤灰掺量为 20%时，试件浸泡 100 天后极限承载力出现下降，试验结束时承载力下降了约 27%，下降幅度远小于未掺粉煤灰的试件(约 37%)。说明混凝土粉煤灰掺量相对较高时，CFRP-混凝土界面的抗硫酸盐侵蚀性能较好。

　　硫酸盐浓度不同时，双剪试件极限承载力保持率随侵蚀时间的变化见图 3.16。从图中可以看出，随着硫酸盐浓度变大，极限承载力随侵蚀时间下降的速率逐渐加快，说明硫酸盐浓度的增加将加速 CFRP-混凝土界面黏结性能的退化。

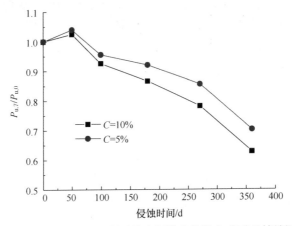

图 3.16　硫酸盐浓度对极限承载力保持率的影响(硫酸盐持续浸泡)

　　CFRP 黏结长度不同时，双剪试件极限承载力保持率随侵蚀时间的变化见图 3.17。从图中可以看出，随着硫酸盐持续浸泡时间的增加，黏结长度为 60mm 和 80mm 的试件极限承载力下降幅度明显大于黏结长度超过 120mm 的试件，而黏结长度为 120mm、150mm、180mm 的试件的极限承载力随侵蚀时间的下降幅度

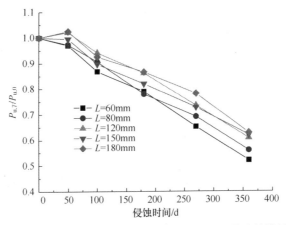

图 3.17　黏结长度对极限承载力保持率的影响(硫酸盐持续浸泡)

基本一样。主要原因在于随着侵蚀时间的增加，界面有效黏结长度不断增加，而黏结长度为 60mm 和 80mm 的试件经硫酸盐持续浸泡一段时间后黏结长度已经小于有效黏结长度，导致极限承载力降低幅度增大。

3.3.3　应变分布规律

经硫酸盐持续浸泡作用后，不同侵蚀时间、不同类型的试件对应的应变分布曲线形状与室温下的形状相似，只是随着侵蚀时间的增加，相同类型的试件 CFRP 表面的应变峰值和曲线倾斜段长度会发生改变。

水胶比为 0.53，CFRP 黏结长度为 180mm 时，不同侵蚀时间下 CFRP 应变分布见图 3.18。从图中可以看出，随着侵蚀时间的增加，CFRP 的极限应变值逐渐降低，在浸泡 360 天后 CFRP 最大应变值从未侵蚀时的 $5500\times10^{-6}\sim6000\times10^{-6}$ 下降到 $3500\times10^{-6}\sim4000\times10^{-6}$。同时随着侵蚀时间的增加，曲线倾斜段的斜率逐渐减小，界面的传力长度变大。

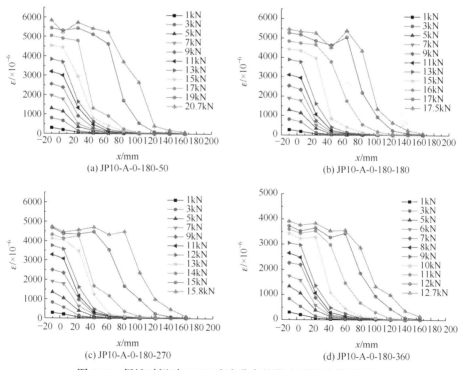

图 3.18　侵蚀时间对 CFRP 应变分布的影响(硫酸盐持续浸泡)

水胶比为 0.53，CFRP 黏结长度不同时 CFRP 应变随侵蚀时间的变化见图 3.19。从图中可以看出，随着侵蚀时间的增加，在自由端出现较大应变所需的黏结长度增加；未受硫酸盐浸泡时，只有黏结长度为 60mm 和 80mm 的试件在自由端有较大的应变；而在浸泡 360 天后，黏结长度为 120mm 的试件在自由端附近也开始出现比较大的应变。

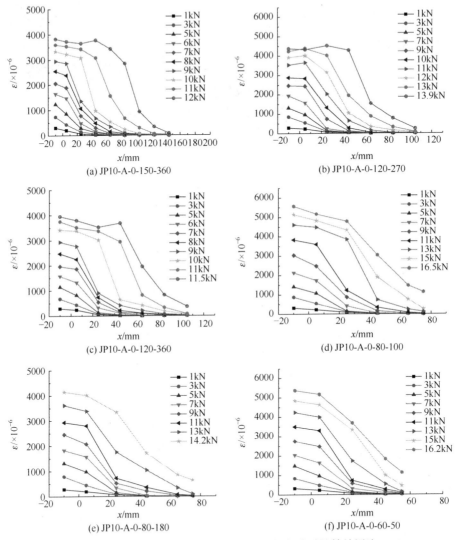

图 3.19　黏结长度对 CFRP 应变分布的影响(硫酸盐持续浸泡)

经硫酸盐持续浸泡后，水胶比不同时 CFRP 应变随侵蚀时间的变化见图 3.20。对比发现，经硫酸盐持续浸泡 360 天后，水胶比越大 CFRP 的极限应变的降低幅度越大。例如，混凝土水胶比为 0.53，黏结长度为 180mm 的试件，侵蚀 360 天后极限应变在 $3500×10^{-6}$～$4000×10^{-6}$[图 3.18(d)]；而水胶比为 0.35，黏结长度为

180mm 的试件，侵蚀 360 天后极限应变在 4000×10^{-6}～4500×10^{-6}。

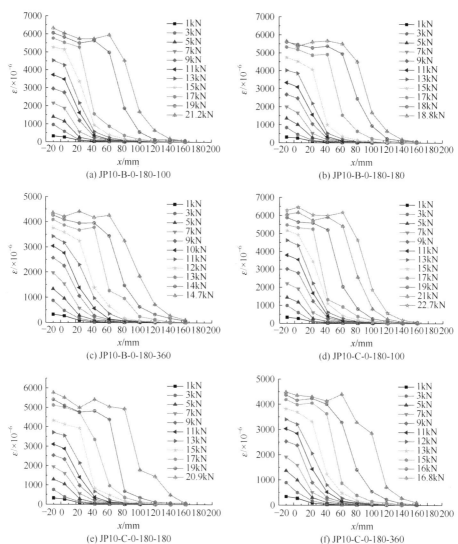

图 3.20 水胶比对 CFRP 应变分布的影响(硫酸盐持续浸泡)

经硫酸盐持续浸泡后，粉煤灰掺量不同时 CFRP 应变随侵蚀时间的变化见图 3.21。由图可以看出，粉煤灰掺量越大，CFRP 极限应变降低的速率越慢。例如，混凝土水胶比为 0.53、黏结长度为 180mm 时，未掺粉煤灰的试件侵蚀 360 天后，极限应变在 3500×10^{-6}～4000×10^{-6}[图 3.18(d)]；而粉煤灰掺量为 20% 和 25% 的试件，侵蚀 360 天后，极限应变超过了 4000×10^{-6}。

当混凝土水胶比为 0.53，未掺粉煤灰，黏结长度为 180mm，硫酸盐浓度分别为 5%和 10%时，CFRP 的应变随侵蚀时间的变化如图 3.22 所示。从图中可以看出，硫酸盐浓度越大，随着侵蚀时间的增加，CFRP 最大应变降低幅度越大。硫酸盐浓度为 5%时，侵蚀 360 天后 CFRP 的极限应变在 $4000\times10^{-6}\sim4500\times10^{-6}$；当硫酸盐浓度增加到 10%时，侵蚀 360 天后 CFRP 的极限应变在 $3500\times10^{-6}\sim4000\times10^{-6}$。

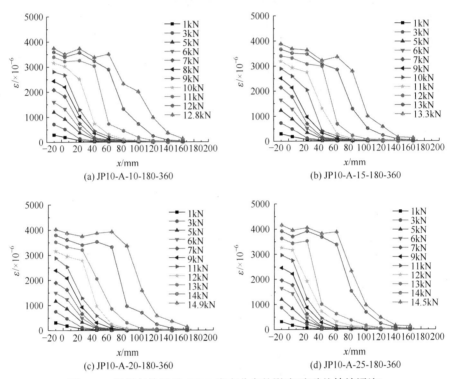

图 3.21　粉煤灰掺量对 CFRP 应变分布的影响(硫酸盐持续浸泡)

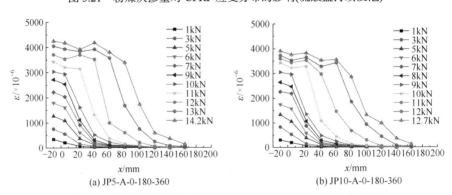

图 3.22　硫酸盐浓度对 CFRP 应变分布的影响(硫酸盐持续浸泡)

3.3.4 有效黏结长度

图 3.23～图 3.25 分别给出了硫酸盐持续浸泡作用下，侵蚀时间、水胶比、粉煤灰掺量对界面有效黏结长度(L_e)的影响。从图中可以看出，水胶比、粉煤灰掺量变化时，界面有效黏结长度随侵蚀时间的变化规律相似，均随着侵蚀时间的增加有效黏结长度不断增加。浸泡 360 天后，界面有效黏结长度为 90～105mm，这与黏结长度为 60mm、80mm 的试件的应变曲线在自由端附近应变较大，不出现应变较小的平直段相符。通过比较不同工况下的有效黏结长度发现，侵蚀时间、混凝土水胶比和粉煤灰掺量对界面有效黏结长度影响较小。

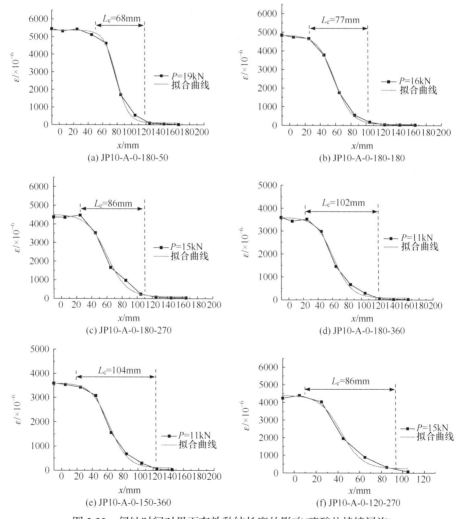

图 3.23 侵蚀时间对界面有效黏结长度的影响(硫酸盐持续浸泡)

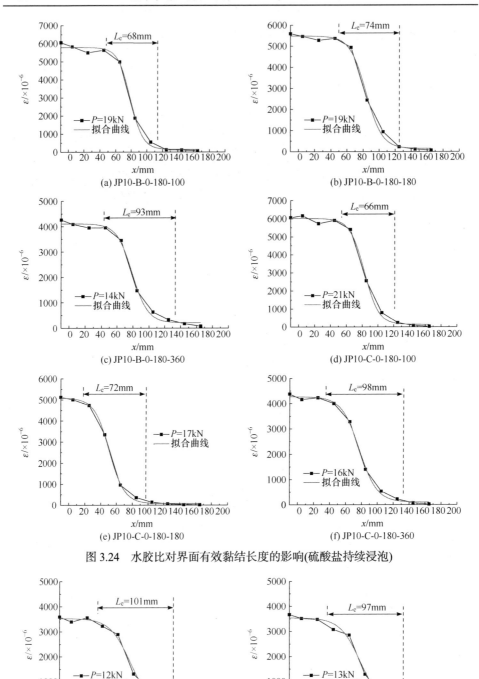

图 3.24　水胶比对界面有效黏结长度的影响(硫酸盐持续浸泡)

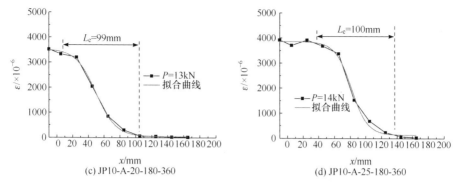

(c) JP10-A-20-180-360　　　　　　　　(d) JP10-A-25-180-360

图 3.25　粉煤灰掺量对界面有效黏结长度的影响(硫酸盐持续浸泡)

　　随着硫酸盐持续浸泡时间的增加，有效黏结长度会增加，为了更为准确地得到硫酸盐持续浸泡对有效黏结长度的影响，取黏结长度为 180mm 的试件的应变曲线来获取界面有效黏结长度，探讨不同参数对有效黏结长度的影响。为了消除混凝土的不均匀性及试件制作差异造成的试验数据离散性，对不同工况下未受侵蚀时的有效黏结长度作归一化处理。不同工况下界面有效黏结长度保持率随侵蚀时间的变化如图 3.26 所示。

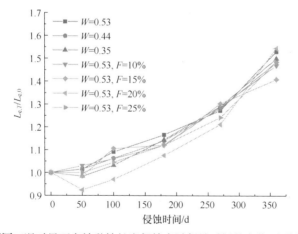

图 3.26　不同工况时界面有效黏结长度保持率随侵蚀时间的变化(硫酸盐持续浸泡)

　　由图 3.26 可知，界面有效黏结长度随侵蚀时间的增加不断增加，但水胶比、粉煤灰掺量、硫酸盐浓度对有效黏结长度影响不大，因此可以通过一个相同的函数来反映有效黏结长度随侵蚀时间的变化规律。为了更好地反映有效黏结长度随腐蚀时间的变化趋势，在式(3.2)的基础上，引入硫酸盐影响系数 $\eta_{L,J}$ [189]，建立考虑硫酸盐持续浸泡时间因子的有效黏结长度计算公式：

$$L_{e,T} = \eta_{L,J} L_{e,0} = 0.933 \eta_{L,J} \sqrt{\frac{E_f t_f}{\sqrt{f_c}}} \tag{3.4}$$

式中，$L_{e,T}$ 为侵蚀时间为 T 时的有效黏结长度；$L_{e,0}$ 为未受侵蚀时界面有效黏结长度。

图 3.27 为不同侵蚀时间界面有效黏结长度保持率分布图，通过对图 3.27 数据进行拟合，可得到硫酸盐持续浸泡作用下有效黏结长度影响系数 $\eta_{L,J}$ 的表达式：

$$\eta_{L,J} = e^{-8.56 \times 10^{-3} + 4.98 \times 10^{-4} T + 1.95 \times 10^{-6} T^2} \tag{3.5}$$

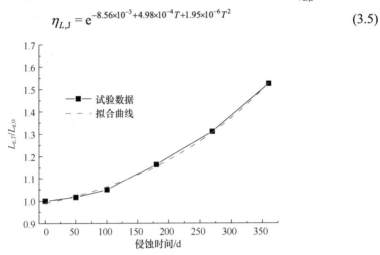

图 3.27　不同侵蚀时间的界面有效黏结长度保持率分布图(硫酸盐持续浸泡)

3.3.5　界面剪应力分布规律

通过对硫酸盐持续浸泡作用下，在各级荷载下黏结界面剪应力沿 CFRP 黏结方向的分布曲线的比较发现，混凝土水胶比、粉煤灰掺量、CFRP 黏结长度、硫酸盐浓度等参数变化时，剪应力分布曲线与室温下界面剪应力分布曲线相似，但界面的传力长度、最大剪应力均随各项参数的变化而改变。

硫酸盐浓度为 10%，水胶比为 0.53，未掺粉煤灰，CFRP 黏结长度为 180mm 的试件，当硫酸盐持续浸泡时间不同时，各级荷载下界面剪应力的分布曲线如图 3.28 所示。从图中可以看出，随着侵蚀时间的增加，CFRP 的最大剪应力逐渐

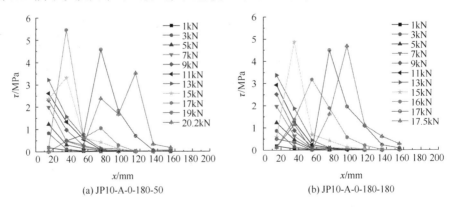

(a) JP10-A-0-180-50　　　　　　　(b) JP10-A-0-180-180

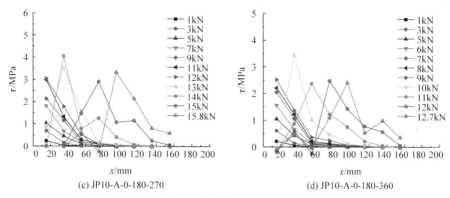

(c) JP10-A-0-180-270　　　　　(d) JP10-A-0-180-360

图 3.28　侵蚀时间对界面剪应力分布的影响(硫酸盐持续浸泡)

降低，同时随着侵蚀时间的增加，界面的传力长度也随之增加。

硫酸盐浓度为 10%，水胶比为 0.53，未掺粉煤灰的试件，当 CFRP 黏结长度不同时，各级荷载下界面剪应力的分布如图 3.29 所示。从图中可以看出，随着侵蚀时间的增加在自由端出现较大剪应力所需的黏结长度增加；未受硫酸盐浸泡时，只有黏结长度为 60mm 和 80mm 的试件在自由端有较大的剪应力；而浸泡 360 天后黏结长度为 120mm 的试件在自由端附近开始出现比较大的剪应力。

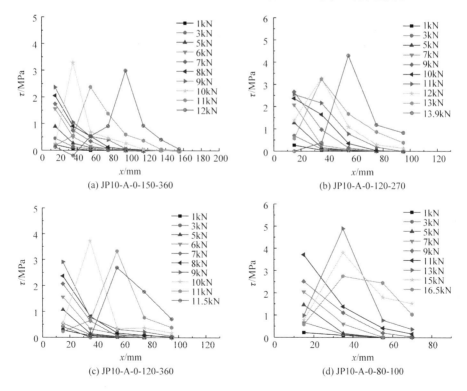

(a) JP10-A-0-150-360　　　　　(b) JP10-A-0-120-270

(c) JP10-A-0-120-360　　　　　(d) JP10-A-0-80-100

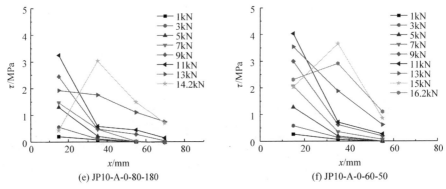

(e) JP10-A-0-80-180　　　　(f) JP10-A-0-60-50

图 3.29　黏结长度对界面剪应力分布的影响(硫酸盐持续浸泡)

　　硫酸盐浓度为 10%，黏结长度为 180mm，未掺粉煤灰的试件，当水胶比不同时，各级荷载下界面剪应力的分布曲线如图 3.30 所示(水胶比为 0.53 时的分布曲线见图 3.28)。从图中可以看出，水胶比不同时，界面剪应力沿黏结长度的分布规律相同，但在硫酸盐持续浸泡 360 天后，随着混凝土水胶比的减小，界面最大剪应力的降低幅度变大。

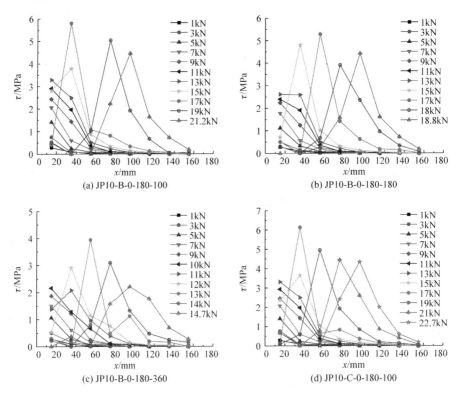

(a) JP10-B-0-180-100　　　　(b) JP10-B-0-180-180

(c) JP10-B-0-180-360　　　　(d) JP10-C-0-180-100

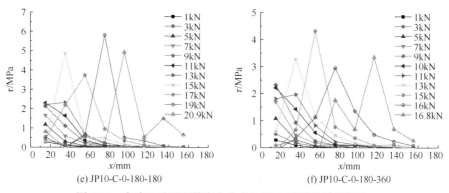

(e) JP10-C-0-180-180　　　　　　(f) JP10-C-0-180-360

图 3.30　水胶比对界面剪应力分布的影响(硫酸盐持续浸泡)

　　硫酸盐浓度为 10%，水胶比为 0.53，黏结长度为 180mm 的试件，当粉煤灰掺量不同时，各级荷载下界面剪应力的分布曲线如图 3.31 所示。可以看出，混凝土粉煤灰掺量不同时，界面剪应力沿黏结长度的分布规律相同，但随着粉煤灰掺量的增加，界面最大剪应力降低的速率明显放缓。

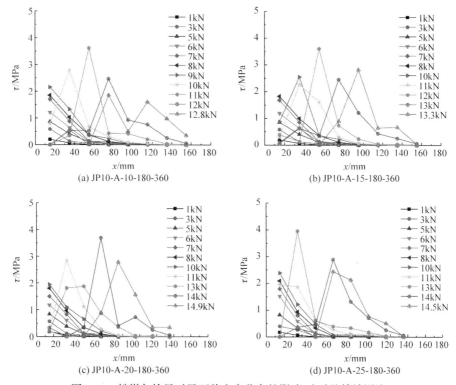

(a) JP10-A-10-180-360　　　　　　(b) JP10-A-15-180-360

(c) JP10-A-20-180-360　　　　　　(d) JP10-A-25-180-360

图 3.31　粉煤灰掺量对界面剪应力分布的影响(硫酸盐持续浸泡)

　　水胶比为 0.53，黏结长度为 180mm，未掺粉煤灰的试件，硫酸盐浓度分别为

5%和 10%时，界面剪应力随侵蚀时间的变化如图 3.32 所示。从图中可以看出，硫酸盐浓度越大，随着侵蚀时间的增加，界面最大剪应力的降低幅度越大。

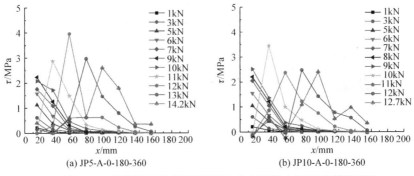

(a) JP5-A-0-180-360　　　　　　　　　(b) JP10-A-0-180-360

图 3.32　硫酸盐浓度对界面剪应力分布的影响(硫酸盐持续浸泡)

3.4　硫酸盐干湿循环作用下的试验结果

3.4.1　破坏过程及破坏形态分析

经过硫酸盐干湿循环作用后，试件的破坏过程与室温下及硫酸盐持续浸泡作用下试件的破坏过程基本相同，试件的破坏形态与硫酸盐持续浸泡作用下相似，随着硫酸盐干湿循环作用时间的增加，试件的破坏形态由混凝土层的破坏(Ⅰ类破坏)逐渐变为胶体与混凝土接触面的破坏(Ⅱ类破坏)。图 3.33 为硫酸盐干湿循环作用下不同类型试件的典型破坏形态。通过对试件破坏形态的分析发现，侵蚀时间、硫酸盐浓度、CFRP 黏结长度、混凝土水胶比及粉煤灰掺量均会影响试件的破坏形态，大体表现为以下几点规律。

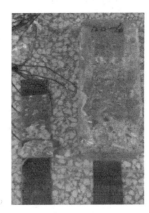

(a) DW10-A-0-180-60　　　　　(b) DW10-A-0-180-150　　　　　(c) DW10-C-0-120-60

(d) DW10-A-25-180-60　　　　　(e) DW10-A-0-60-60　　　　　(f) DW5-A-0-180-60

图 3.33　硫酸盐干湿循环作用下试件的典型破坏形态

(1) 随着侵蚀时间的增加,破坏面进入混凝土层的深度逐渐变浅,破坏形态逐渐由Ⅰ类破坏向Ⅱ类破坏转变。

(2) 随着混凝土水胶比的减小,试件破坏形态由Ⅰ类破坏向Ⅱ类破坏转变的时间越长。例如,水胶比为 0.53 的试件,硫酸盐溶液浓度为 10% 时,侵蚀 30 天后开始出现Ⅱ类破坏;而水胶比为 0.35 的试件,侵蚀 60 天后开始出现Ⅱ类破坏。说明水胶比较小的混凝土具有较好的耐久性。

(3) 在适当范围内,粉煤灰掺量较高的试件破坏形态由Ⅰ类破坏向Ⅱ类破坏转变的时间越长。例如,粉煤灰掺量为 25% 的试件,硫酸盐溶液浓度为 10% 时,硫酸盐干湿循环作用 60 天后还出现Ⅰ类破坏。说明粉煤灰掺量较高时,界面耐久性也较好。

(4) CFRP 黏结长度对破坏形态的影响较小,主要表现为黏结长度较长的试件出现Ⅱ类破坏的时间更早。

(5) 硫酸盐浓度越高,试件破坏形态由Ⅰ类破坏向Ⅱ类破坏转变的时间越短。例如,水胶比为 0.53,未掺粉煤灰的试件,硫酸盐溶液浓度为 5% 时,侵蚀 60 天后开始出现Ⅱ类破坏;而硫酸盐浓度为 10% 时,侵蚀 30 天后开始出现Ⅱ类破坏。说明硫酸盐浓度越高对界面的腐蚀越严重。

在硫酸盐干湿循环作用下 CFRP-混凝土界面破坏形态随侵蚀时间的变化与硫酸盐持续浸泡作用下相似,也是由界面以下的混凝土的劣化引起。在硫酸盐干湿循环作用下硫酸根离子会与水泥水化产物发生化学反应,生成钙矾石和石膏等膨胀产物填充混凝土孔隙,引起混凝土的损伤,同时随着反应的进行会使水泥水化产物分解或溶出,混凝土内凝胶体减少,混凝土强度降低。另外,在硫酸盐干湿循环作用下, Na_2SO_4 从水中结晶形成结晶体 $Na_2SO_4 \cdot 10H_2O$,随着 $Na_2SO_4 \cdot 10H_2O$ 结晶体在混凝土孔隙中不断积累膨胀,产生的膨胀应力引起混凝土破坏。

随着硫酸盐干湿循环作用时间的增加，在化学侵蚀和物理侵蚀共同作用下，混凝土各项性能逐渐退化，界面处混凝土的抗拉强度降低，黏结界面的破坏面开始由混凝土层变为黏结界面处。与硫酸盐持续浸泡作用下相似，较低的水胶比和适当增加粉煤灰掺量会使混凝土抗硫酸盐侵蚀能力增强，界面的耐久性提高，试件破坏形态由Ⅰ类破坏向Ⅱ类破坏转变的时间变长。

3.4.2 极限承载力变化规律

表 3.9 给出了硫酸盐干湿循环作用下，硫酸盐浓度、CFRP 黏结长度、水胶比及粉煤灰掺量等参数变化时，不同侵蚀时间、不同类型试件 CFRP-混凝土双剪试件极限承载力试验结果。

表 3.9 硫酸盐干湿循环作用下试件极限承载力试验结果

试件编号	硫酸盐浓度/%	水胶比	粉煤灰掺量/%	黏结长度/mm	侵蚀时间/d	极限承载力平均值/kN
DW10-A-0-60-30	10	0.53	0	60	30	16.6
DW10-A-0-80-30	10	0.53	0	80	30	18.1
DW10-A-0-120-30	10	0.53	0	120	30	18.7
DW10-A-0-150-30	10	0.53	0	150	30	19.5
DW10-A-0-180-30	10	0.53	0	180	30	20.5
DW10-A-10-180-30	10	0.53	10	180	30	20.3
DW10-A-15-180-30	10	0.53	15	180	30	19.4
DW10-A-20-180-30	10	0.53	20	180	30	20.3
DW10-A-25-180-30	10	0.53	25	180	30	20.1
DW10-A-0-60-60	10	0.53	0	60	60	14.5
DW10-A-0-80-60	10	0.53	0	80	60	16.3
DW10-A-0-120-60	10	0.53	0	120	60	16.8
DW10-A-0-150-60	10	0.53	0	150	60	17.4
DW10-A-0-180-60	10	0.53	0	180	60	18.5
DW10-A-10-180-60	10	0.53	10	180	60	18.6
DW10-A-15-180-60	10	0.53	15	180	60	18.5
DW10-A-20-180-60	10	0.53	20	180	60	20.8
DW10-A-25-180-60	10	0.53	25	180	60	19.6
DW10-A-0-60-90	10	0.53	0	60	90	10.6
DW10-A-0-80-90	10	0.53	0	80	90	13.2
DW10-A-0-120-90	10	0.53	0	120	90	14.3
DW10-A-0-150-90	10	0.53	0	150	90	15.6
DW10-A-0-180-90	10	0.53	0	180	90	16.1

续表

试件编号	硫酸盐浓度/%	水胶比	粉煤灰掺量/%	黏结长度/mm	侵蚀时间/d	极限承载力平均值/kN
DW10-A-10-180-90	10	0.53	10	180	90	16.5
DW10-A-15-180-90	10	0.53	15	180	90	16.7
DW10-A-20-180-90	10	0.53	20	180	90	18.1
DW10-A-25-180-90	10	0.53	25	180	90	17.7
DW10-A-0-60-120	10	0.53	0	60	120	8.3
DW10-A-0-80-120	10	0.53	0	80	120	10.1
DW10-A-0-120-120	10	0.53	0	120	120	11.5
DW10-A-0-150-120	10	0.53	0	150	120	11.8
DW10-A-0-180-120	10	0.53	0	180	120	12.8
DW10-A-10-180-120	10	0.53	10	180	120	13.1
DW10-A-15-180-120	10	0.53	15	180	120	13.6
DW10-A-20-180-120	10	0.53	20	180	120	14.8
DW10-A-25-180-120	10	0.53	25	180	120	14.3
DW10-A-0-60-150	10	0.53	0	60	150	6.4
DW10-A-0-80-150	10	0.53	0	80	150	7.6
DW10-A-0-120-150	10	0.53	0	120	150	8.5
DW10-A-0-150-150	10	0.53	0	150	150	9.2
DW10-A-0-180-150	10	0.53	0	180	150	9.7
DW10-A-10-180-150	10	0.53	10	180	150	9.6
DW10-A-15-180-150	10	0.53	15	180	150	10.3
DW10-A-20-180-150	10	0.53	20	180	150	11.9
DW10-A-25-180-150	10	0.53	25	180	150	11.5
DW10-B-0-180-30	10	0.44	0	180	30	21.7
DW10-B-0-180-60	10	0.44	0	180	60	20.3
DW10-B-0-180-90	10	0.44	0	180	90	17.8
DW10-B-0-180-120	10	0.44	0	180	120	14.2
DW10-B-0-180-150	10	0.44	0	180	150	10.7
DW10-C-0-180-30	10	0.35	0	180	30	22.9
DW10-C-0-180-60	10	0.35	0	180	60	21.7
DW10-C-0-180-90	10	0.35	0	180	90	19.3
DW10-C-0-180-120	10	0.35	0	180	120	16.1
DW10-C-0-180-150	10	0.35	0	180	150	12.6
DW5-A-0-180-30	5	0.53	0	180	30	21
DW5-A-0-180-60	5	0.53	0	180	60	19.5

续表

试件编号	硫酸盐浓度/%	水胶比	粉煤灰掺量/%	黏结长度/mm	侵蚀时间/d	极限承载力平均值/kN
DW5-A-0-180-90	5	0.53	0	180	90	17.7
DW5-A-0-180-120	5	0.53	0	180	120	14.5
DW5-A-0-180-150	5	0.53	0	180	150	12.3

注：DW10-A-0-60-30 表示硫酸钠溶液浓度为 10%，水胶比为 0.53，未掺粉煤灰，黏结长度为 60mm，干湿循环 30 天的试件，其他编号以此类推。

不同水胶比的双剪试件极限承载力保持率随侵蚀时间的变化见图 3.34。从图中可以看出，所有试件的极限承载力随侵蚀时间变化趋势基本一致，均表现为在侵蚀初期极限承载力保持不变或略有提高，随着侵蚀时间的增加，极限承载力不断降低。从图中还可以看出，水胶比越大极限承载力下降的速率越快。水胶比为 0.53 的试件在硫酸盐干湿循环作用 150 天后极限承载力下降了约 52%；而水胶比为 0.35 的试件在侵蚀 150 天极限承载力下降了约 44%。说明混凝土水胶比较小时，CFRP-混凝土界面的抗硫酸盐侵蚀性能较好。

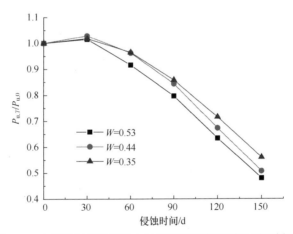

图 3.34　水胶比对极限承载力保持率的影响(硫酸盐干湿循环)

不同粉煤灰掺量的双剪试件极限承载力保持率随侵蚀时间的变化见图 3.35。从图中可以看出，所有试件的极限承载力随侵蚀时间变化趋势基本一致，但随着混凝土粉煤灰掺量的增加极限承载力开始出现下降所需的时间逐渐变长，而且下降的速率逐渐放缓。粉煤灰掺量为 20% 时，试件在试验结束时承载力下降了约 42%，下降幅度远小于未掺粉煤灰的试件。说明混凝土粉煤灰掺量相对较高时，CFRP-混凝土界面的抗硫酸盐侵蚀性能较好。

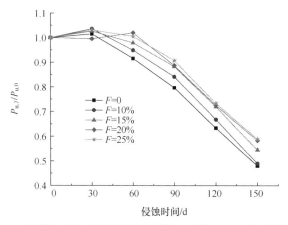

图 3.35 粉煤灰掺量对极限承载力保持率的影响(硫酸盐干湿循环)

硫酸盐浓度不同时,双剪试件极限承载力保持率随侵蚀时间的变化见图 3.36。从图中可以看出,硫酸盐浓度变大,极限承载力随侵蚀时间下降的速率逐渐加快,说明硫酸盐浓度的增加将加速 CFRP-混凝土界面性能的退化。

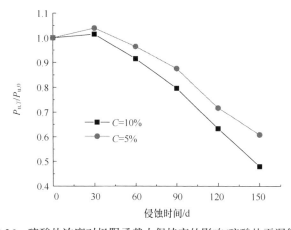

图 3.36 硫酸盐浓度对极限承载力保持率的影响(硫酸盐干湿循环)

CFRP 黏结长度不同时,双剪试件极限承载力保持率随侵蚀时间的变化见图 3.37。从图中可以看出,随着硫酸盐干湿循环时间的增加,黏结长度为 60mm 和 80mm 的试件极限承载力下降幅度明显大于黏结长度超过 120mm 的试件,而黏结长度为 120mm、150mm、180mm 的试件的承载力随侵蚀时间的下降幅度基本一样。主要原因在于随着侵蚀时间的增加,界面有效黏结长度不断增加,而黏结长度为 60mm 和 80mm 的试件经硫酸盐干湿循环作用一段时间后黏结长度已经小于有效黏结长度,导致极限承载力降低幅度增加。

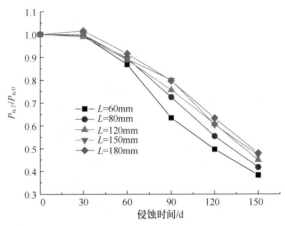

图 3.37　黏结长度对极限承载力保持率的影响(硫酸盐干湿循环)

3.4.3　应变分布规律

通过对硫酸盐干湿循环作用后 CFRP 的应变分布曲线的分析，发现不同侵蚀时间、不同类型试件对应的应变分布曲线形状与室温下和硫酸盐持续浸泡作用下的形状相似，只是随着侵蚀时间的增加，相同类型的试件 CFRP 表面的应变分布曲线的控制参数值发生了改变，其变化规律与硫酸盐持续浸泡作用下相似，只是变化幅度有所增加。文献[189]通过硫酸盐加速侵蚀(干湿循环)试验模拟硫酸盐侵蚀环境，采用双剪试件对硫酸盐侵蚀环境下 CFRP-混凝土界面性能随侵蚀时间的退化规律进行试验研究，也得到了相似的结论。

硫酸盐干湿循环作用下，水胶比为 0.53，CFRP 黏结长度为 180mm 的试件在不同侵蚀时间下 CFRP 应变分布见图 3.38。从图中可以看出，随着侵蚀时间的增加，CFRP 的极限应变值逐渐降低，在硫酸盐干湿循环 150 天后 CFRP 最大应变值从 $5500×10^{-6}\sim6000×10^{-6}$ 下降到 $3000×10^{-6}\sim4000×10^{-6}$。同时随着侵蚀时间的增加，曲线倾斜段的斜率逐渐减小，界面的传力长度变大。

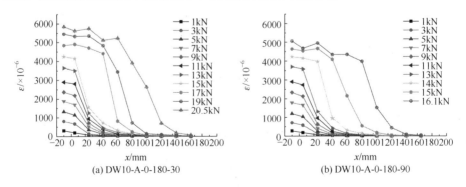

(a) DW10-A-0-180-30　　　　　　　　　　(b) DW10-A-0-180-90

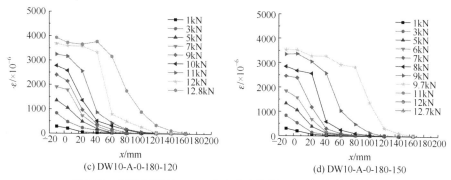

(c) DW10-A-0-180-120　　　　　(d) DW10-A-0-180-150

图 3.38　侵蚀时间对 CFRP 应变分布的影响(硫酸盐干湿循环)

硫酸盐干湿循环作用下,水胶比不同时 CFRP 应变随侵蚀时间的变化见图 3.39。对比发现, 经硫酸盐干湿循环作用 150 天后, 混凝土水胶比越大, CFRP 的极限应变的降低幅度越大。例如, 混凝土水胶比为 0.53, 黏结长度为 180mm 的试件, 侵蚀 150 天后极限应变在 $3000 \times 10^{-6} \sim 3500 \times 10^{-6}$[图 3.38(d)];而水胶比为 0.35, 黏结长度为 180mm 的试件, 侵蚀 150 天后极限应变在 $3500 \times 10^{-6} \sim 4500 \times 10^{-6}$。

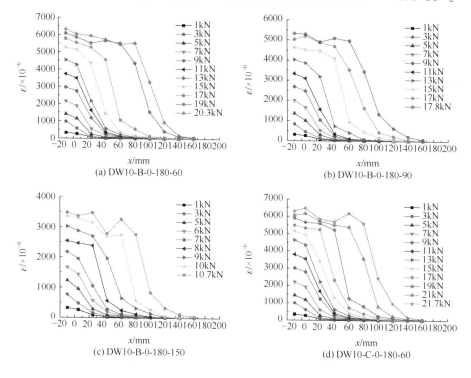

(a) DW10-B-0-180-60　　　　　(b) DW10-B-0-180-90

(c) DW10-B-0-180-150　　　　　(d) DW10-C-0-180-60

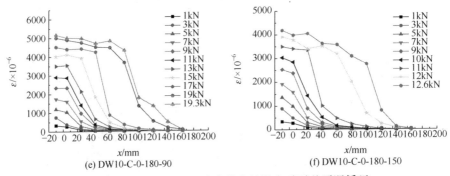

(e) DW10-C-0-180-90　　　　　　　(f) DW10-C-0-180-150

图 3.39　水胶比对 CFRP 应变分布的影响(硫酸盐干湿循环)

经硫酸盐干湿循环作用后，粉煤灰掺量不同时 CFRP 应变随侵蚀时间的变化见图 3.40。从图中可以看出，粉煤灰掺量越大，CFRP 极限应变降低的速率越慢。例如，混凝土水胶比为 0.53，黏结长度为 180mm 时，未掺粉煤灰的试件侵蚀 150 天后极限应变在 $3000×10^{-6} \sim 3500×10^{-6}$[图 3.38(d)]；而粉煤灰掺量为 20%的试件，侵蚀 150 天后 CFRP 的极限应变在 $3500×10^{-6} \sim 4000×10^{-6}$。

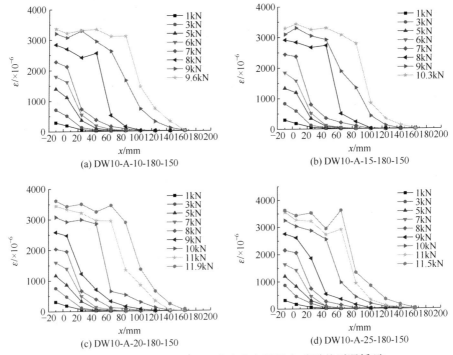

(a) DW10-A-10-180-150　　　　　　(b) DW10-A-15-180-150

(c) DW10-A-20-180-150　　　　　　(d) DW10-A-25-180-150

图 3.40　粉煤灰掺量对 CFRP 应变分布的影响(硫酸盐干湿循环)

水胶比为 0.53，黏结长度不同时 CFRP 应变随侵蚀时间的变化见图 3.41。从图中可以看出，随着侵蚀时间的增加在试件自由端出现较大应变所需的黏结长度增加；未受硫酸盐侵蚀时，只有黏结长度为 60mm 和 80mm 的试件在自由端有较大的应变；而侵蚀 150 天后黏结长度为 120mm 的试件在自由端附近也开始出现比较大的应变。

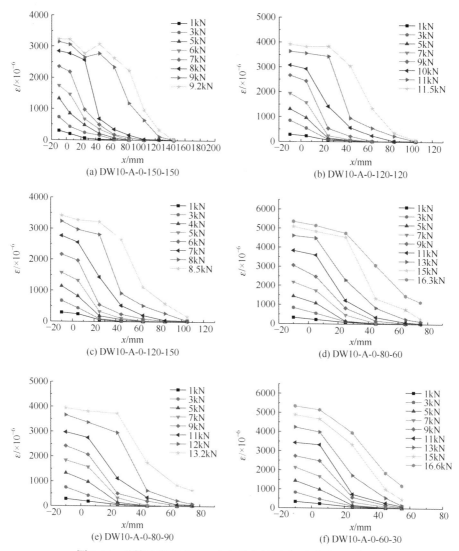

图 3.41　黏结长度对 CFRP 应变分布的影响(硫酸盐干湿循环)

　　混凝土水胶比为 0.53，CFRP 黏结长度为 180mm，未掺粉煤灰的试件，在硫酸盐浓度分别为 5% 和 10% 时，CFRP 的应变随硫酸盐干湿循环作用时间的变化如图 3.42 所示。从图中可以看出，硫酸盐浓度越大，随着侵蚀时间的增加，CFRP

最大应变降低幅度越大。硫酸盐浓度为 5% 时，侵蚀 150 天后 CFRP 的极限应变在 $3500×10^{-6}$～$4000×10^{-6}$；当硫酸盐浓度增加到 10% 时，侵蚀 150 天后 CFRP 的极限应变在 $3000×10^{-6}$～$3500×10^{-6}$。

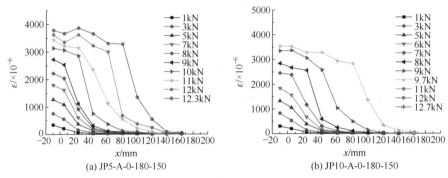

(a) JP5-A-0-180-150　　　　　　　　　　(b) JP10-A-0-180-150

图 3.42　硫酸盐浓度对 CFRP 应变分布的影响(硫酸盐干湿循环)

3.4.4　有效黏结长度

图 3.43～图 3.45 分别给出了硫酸盐干湿循环作用下，侵蚀时间、水胶比、粉煤灰掺量对界面有效黏结长度的影响。从图中可以看出，水胶比、粉煤灰掺量、硫酸盐浓度等参数变化时，界面有效黏结长度随侵蚀时间的变化规律相似，均随着侵蚀时间的增加有效黏结长度不断增加，并表现为在侵蚀前期增加速率较慢，

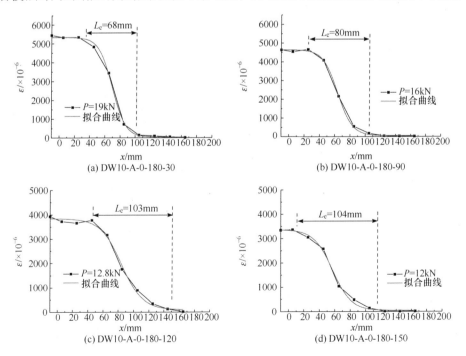

(a) DW10-A-0-180-30　　　　　　　　　　(b) DW10-A-0-180-90

(c) DW10-A-0-180-120　　　　　　　　　　(d) DW10-A-0-180-150

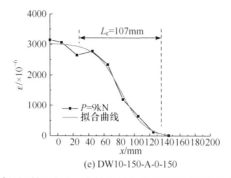

(e) DW10-150-A-0-150

图 3.43   侵蚀时间对界面有效黏结长度的影响(硫酸盐干湿循环)

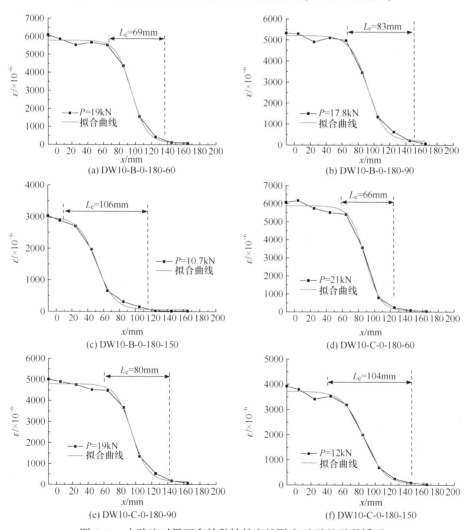

(a) DW10-B-0-180-60

(b) DW10-B-0-180-90

(c) DW10-B-0-180-150

(d) DW10-C-0-180-60

(e) DW10-C-0-180-90

(f) DW10-C-0-180-150

图 3.44   水胶比对界面有效黏结长度的影响(硫酸盐干湿循环)

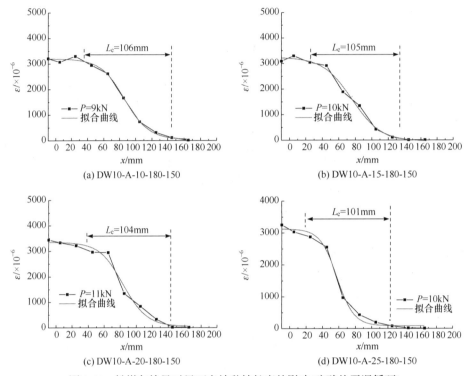

图 3.45 粉煤灰掺量对界面有效黏结长度的影响(硫酸盐干湿循环)

随着侵蚀时间的增加有效黏结长度的增加速率加快。经硫酸盐干湿循环 150 天后，界面有效黏结长度为 100～110mm，这与黏结长度为 60mm、80mm、120mm 的试件的应变曲线在自由端附近应变较大，不出现应变较小的平直段相符。通过比较不同工况下的有效黏结长度发现，侵蚀时间、混凝土水胶比和粉煤灰掺量对界面有效黏结长度影响较小。

随着硫酸盐干湿循环作用时间的增加，有效黏结长度会增加，为了更为准确地得到硫酸盐干湿循环对有效黏结长度的影响，取黏结长度为 180mm 的试件的应变曲线来确定有效黏结长度，探讨不同参数对有效黏结长度的影响。为了消除混凝土的不均匀性及试件制作时的差异造成的试验数据离散性，对不同工况下未受侵蚀时的有效黏结长度作归一化处理，不同工况时界面有效黏结长度保持率随硫酸盐干湿循环作用时间的变化如图 3.46 所示。

由图 3.46 可知，硫酸盐干湿循环作用下与硫酸盐持续浸泡作用下界面有效黏结长度随侵蚀时间的变化规律相似，即界面有效黏结长度随侵蚀时间的增加不断增加，但水胶比、粉煤灰掺量、硫酸盐浓度对有效黏结长度影响不大，因此可以通过一个相同的函数来反映有效黏结长度随侵蚀时间的变化规律。同样在

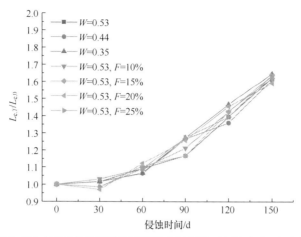

图 3.46　不同工况时界面有效黏结长度保持率随侵蚀时间的变化(硫酸盐干湿循环)

式(3.2)的基础上,引入硫酸盐影响系数 $\eta_{L,D}$,建立考虑硫酸盐干湿循环时间因子的有效黏结长度计算公式:

$$L_{e,T} = \eta_{L,D} L_{e,0} = 0.933 \eta_{L,D} \sqrt{\frac{E_f t_f}{\sqrt{f_c}}} \tag{3.6}$$

式中, $L_{e,T}$ 为侵蚀时间为 T 时的有效黏结长度; $L_{e,0}$ 为未受侵蚀时界面有效黏结长度。

图 3.47 为不同侵蚀时间界面有效黏结长度保持率分布图,通过对图 3.47 数据进行拟合,可得到硫酸盐干湿循环作用下有效黏结长度影响系数 $\eta_{L,D}$ 的表达式:

$$\eta_{L,D} = e^{-8.85 \times 10^{-3} + 4.19 \times 10^{-4} T + 1.96 \times 10^{-6} T^2} \tag{3.7}$$

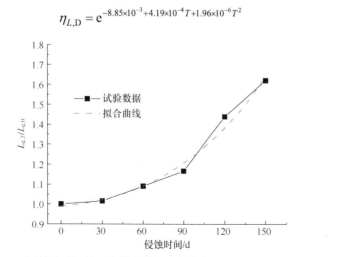

图 3.47　不同侵蚀时间界面有效黏结长度保持率分布图(硫酸盐干湿循环)

3.4.5　界面剪应力分布规律

通过对硫酸盐干湿循环作用下，在各级荷载作用下黏结界面剪应力沿 CFRP 黏结方向的分布曲线的比较发现，混凝土水胶比和粉煤灰掺量、CFRP 黏结长度、硫酸盐浓度等参数变化时，界面剪应力分布曲线与室温下和硫酸盐持续浸泡作用下界面剪应力分布曲线相似，但界面的传力长度、最大剪应力均随各项参数的变化而改变。

硫酸盐浓度为 10%，水胶比为 0.53，未掺粉煤灰，CFRP 黏结长度为 180mm 的试件，当硫酸盐干湿循环作用时间不同时，在各级荷载下界面剪应力沿黏结长度的分布曲线如图 3.48 所示。从图中可以看出，随着侵蚀时间的增加，CFRP 的最大剪应力逐渐降低，同时随着侵蚀时间的增加，界面的传力长度也随之增加。

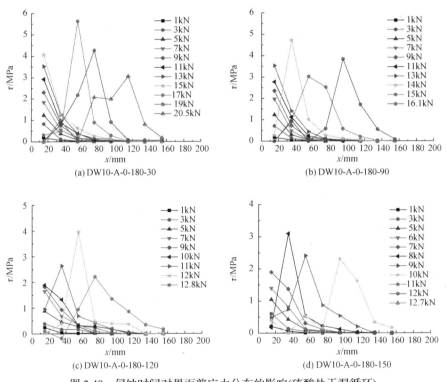

图 3.48　侵蚀时间对界面剪应力分布的影响(硫酸盐干湿循环)

硫酸盐浓度为 10%，黏结长度为 180mm，未掺粉煤灰的试件，当水胶比不同时，各级荷载下界面剪应力的分布曲线如图 3.49 所示。从图中可以看出，水胶比不同时，界面剪应力沿黏结长度的分布规律相同，但在硫酸盐干湿循环作用 150

天后，随着混凝土水胶比的减小，界面最大剪应力的降低幅度逐渐变大。

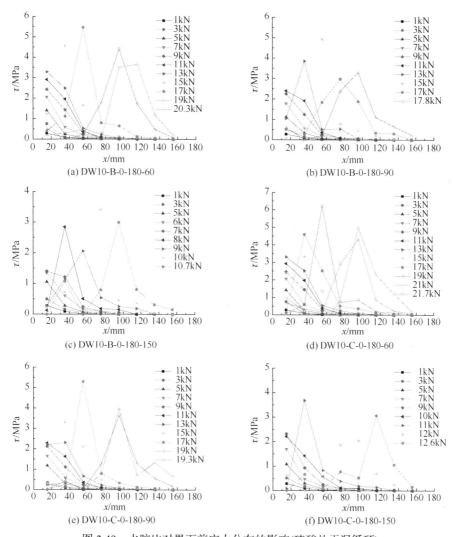

图 3.49　水胶比对界面剪应力分布的影响(硫酸盐干湿循环)

　　硫酸盐浓度为 10%，水胶比为 0.53，黏结长度为 180mm 的试件，当粉煤灰掺量不同时，各级荷载下界面剪应力的分布曲线如图 3.50 所示。从图中可以看出，混凝土粉煤灰掺量不同时，界面剪应力沿黏结长度的分布规律相同，但随着粉煤灰掺量的增加，硫酸盐干湿循环 150 天后，界面最大剪应力降低的速率明显放缓。

　　硫酸盐浓度为 10%，水胶比为 0.53，未掺粉煤灰的试件，当 CFRP 黏结长度不同时，各级荷载下界面剪应力沿黏结长度的分布曲线如图 3.51 所示。从图中可以看出，随着侵蚀时间的增加，在自由端出现较大剪应力所需的黏结长度增加；未受硫酸盐侵蚀时，只有黏结长度为 60mm 和 80mm 的试件在自由端有较大的剪应力；而硫酸盐干湿循环 150 天后黏结长度为 120mm 的试件在自由端附近开始出现比较大的剪应力。

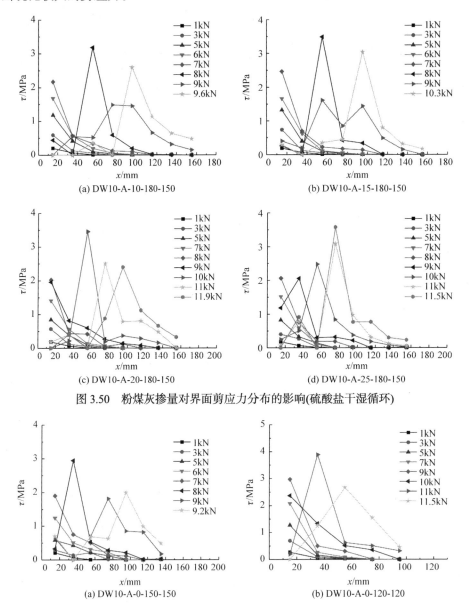

图 3.50　粉煤灰掺量对界面剪应力分布的影响(硫酸盐干湿循环)

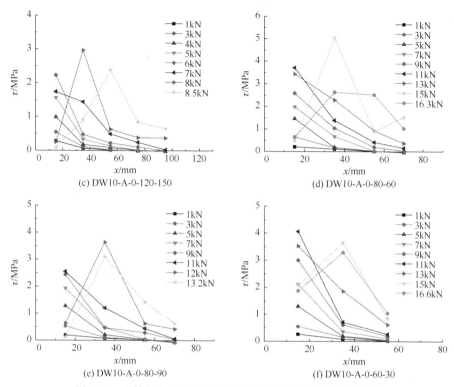

图 3.51　黏结长度对界面剪应力分布的影响(硫酸盐干湿循环)

　　水胶比为 0.53，黏结长度为 180mm，未掺粉煤灰的试件，硫酸盐浓度分别为 5%和 10%时，界面剪应力随硫酸盐干湿循环作用时间的变化曲线如图 3.52 所示。从图中可以看出，随着侵蚀时间的增加，硫酸盐浓度越大，界面最大剪应力的降低幅度越大。

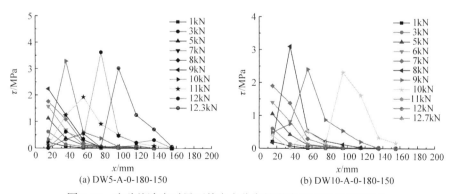

图 3.52　硫酸盐浓度对界面剪应力分布的影响(硫酸盐干湿循环)

3.5　硫酸盐侵蚀作用下 CFRP-混凝土界面劣化机理

CFRP-混凝土界面是由 CFRP、黏结树脂、混凝土三种材料组成的复杂区域,其中包括两个界面层,即 CFRP 与黏结树脂黏结层和混凝土与黏结树脂的渗透层。由第 2 章的试验结果可知,在硫酸盐持续浸泡和干湿循环作用下 CFRP 片材力学性能下降很小,同时黏结树脂的剪切强度远大于混凝土的抗拉强度,因此对于整个界面区域来说,黏结树脂与混凝土的渗透层及其以下的表层混凝土层成为界面最薄弱区域。从 CFRP-混凝土界面的破坏形态来看,几乎所有试件的破坏面均出现在这一区域。

黏结树脂与混凝土界面的作用力主要为黏结力和机械咬合力,一方面混凝土构件表面比较粗糙,涂抹黏结树脂后界面产生机械咬合力;另一方面黏结树脂分子结构较为致密,有很强的内聚力,在接触面出现分子扩散现象,当黏结树脂分子与混凝土中分子到一定的距离时,两者之间就会产生范德瓦耳斯力。

在未受硫酸盐侵蚀时,CFRP-混凝土界面未受损伤,界面层处于纯剪应力状态,单元体的应力状态如图 3.53 所示,单元体主应力沿 45°向两侧拉开,而混凝土的抗拉强度较低,在混凝土中会出现 45°的斜向裂缝,因此试件的加载端会出现三角剪切区。

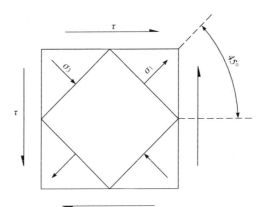

图 3.53　黏结树脂与混凝土界面区域单元体应力状态

硫酸盐持续浸泡和硫酸盐干湿循环作用对 CFRP-混凝土界面黏结性能的劣化主要由混凝土损伤和黏结树脂与混凝土黏结力的下降引起。在硫酸盐持续浸泡和硫酸盐干湿循环环境中,硫酸盐溶液不断向混凝土内部传输,硫酸盐结晶体和 SO_4^{2-} 与水泥水化产物反应的生成物(钙矾石、石膏)不断在混凝土孔隙中积累,当侵蚀产物产生的膨胀应力大于混凝土的抗拉强度时,孔隙壁开始出现裂缝,致使混凝土内部孔隙相互贯通，为硫酸根离子的进入提供了更多通道，导致侵蚀前沿不断向混凝土内部移动，形成恶性循环。同时硫酸根离子与水泥水化产物的反应，使得混凝土凝胶物质不断消耗，造成混凝土组成材料的黏结力下降，在多种因素作用下混凝土结构破坏，强度降低。黏结树脂与混凝土的界面区域属于混凝土表层，主要由水泥砂浆组成，强度较低，孔隙较大，这一区域受硫酸盐侵蚀更为严重。因此在界面剪应力作用下该区域混凝土受剪破坏时，界面以下混凝土还未达到破坏应力，经硫酸盐侵蚀作用一定时间后加载端不再出现三角剪切区。同时硫酸盐溶液会侵入黏结树脂与混凝土接触面的孔隙中，一方面硫酸盐结晶体和 SO_4^{2-} 与水泥水化产物反应的生成物不断在孔隙中积累、膨胀，使得黏结树脂与混凝土之间的黏结力下降，另一方面黏结树脂的吸湿性溶胀和水解破裂，导致胶体力学性能降低，随着硫酸盐侵蚀时间的增加，界面破坏时 CFRP 上黏结的混凝土颗粒越来越少。在两种劣化因素的共同作用下，使得 CFRP-混凝土界面的黏结性能随着硫酸盐侵蚀时间的增加逐渐降低。

图 3.54 为 CFRP-混凝土界面极限承载力与混凝土抗压强度随侵蚀时间的变化曲线，通过对比分析发现，在硫酸盐侵蚀作用下 CFRP-混凝土界面极限承载力随侵蚀时间的变化趋势与混凝土强度的变化趋势一致，这也间接反映硫酸盐侵蚀下混凝土力学性能的下降是 CFRP-混凝土界面黏结性能下降的主要原因。同时 CFRP-混凝土界面极限承载力下降幅度要大于混凝土抗压强度的下降幅度，原因在于经硫酸盐侵蚀作用后，黏结树脂的吸湿性溶胀和水解破坏导致界面黏结性能降低。

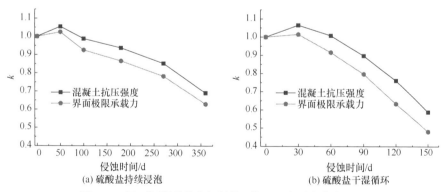

图 3.54　界面极限承载力与混凝土抗压强度时变曲线对比

k 表示不同侵蚀时间界面极限承载力和混凝土强度与室温下其值的比值

3.6　本 章 小 结

本章采用双面剪切试件，进行了室温下、硫酸盐持续浸泡作用和硫酸盐干湿循环作用下 CFRP-混凝土界面黏结性能试验，通过对试验结果的对比分析，得到如下结论：

(1) 室温下所有试件的破坏面均出现在黏结界面以下的混凝土中，CFRP 上粘有大量被拉下的混凝土碎屑与颗粒，混凝土表面凹凸不平，并在加载端产生三角剪切区，且黏结长度越短三角剪切区的范围越大；硫酸盐持续浸泡和硫酸盐干湿循环作用对黏结界面产生了不利影响，黏结界面的破坏形态发生了改变，经硫酸盐持续浸泡和硫酸盐干湿循环作用后，随着侵蚀时间的增加，加载端逐渐不再出现三角剪切区，破坏面主要出现在 CFRP 与混凝土的黏结界面处，CFRP 片材上黏结的混凝土颗粒逐渐消失。

(2) 经硫酸盐持续浸泡和硫酸盐干湿循环作用后，不同类型的试件界面极限承载力随侵蚀时间的变化趋势基本一致，均表现为在侵蚀初期界面极限承载力保持不变或略有提高，而随着侵蚀时间的增加界面极限承载力不断降低，这与硫酸盐侵蚀下混凝土强度随侵蚀时间的变化趋势一致，说明在硫酸盐侵蚀下混凝土力学性能的下降是 CFRP-混凝土界面黏结性能退化的主要原因。

(3) 经硫酸盐持续浸泡和硫酸盐干湿循环作用后，不同侵蚀时间下 CFRP 的应变和界面剪应力沿黏结长度的分布曲线相似，但相同类型试件的最大应变和最大剪应力均随着侵蚀时间的增加而逐渐下降，而且在试验后期下降速率明显加快。

(4) 经硫酸盐持续浸泡和硫酸盐干湿循环作用后，界面有效黏结长度随硫酸盐侵蚀时间的增加而增加，经硫酸盐持续浸泡 360 天和硫酸盐干湿循环作用 150 天后，界面有效黏结长度从室温下的 60～70mm 增加到了 90～110mm。

(5) 在硫酸盐持续浸泡和硫酸盐干湿循环作用下，适当降低混凝土的水胶比和增加粉煤灰掺量均能提高 CFRP-混凝土界面的耐久性能，同时较高的硫酸盐浓度将加速界面黏结性能的退化。

(6) 通过对硫酸盐持续浸泡作用和硫酸盐干湿循环作用后不同试件的各项性能参数的对比分析，发现在硫酸盐干湿循环作用下 CFRP-混凝土界面性能的退化程度比硫酸盐持续浸泡作用下严重得多。

第 4 章 冻融循环作用下 CFRP-混凝土界面黏结性能试验研究

西北地区多高原山地，昼夜温差大，冬季酷寒且时间长。在硫酸盐与冻融循环作用下，CFRP-混凝土界面耐久性会随时间的推移而退化。硫酸盐与冻融循环共同作用对 CFRP-混凝土界面耐久性的影响已成为西部寒旱硫酸盐地区 CFRP 加固混凝土亟待解决的问题。

4.1 试验概述

(1) CFRP 片材、混凝土试件原材、双剪试件制作步骤及加载装置与第 3 章相同。

(2) 试验共设计了强度类别为 C30、C40、C50 的三种类型混凝土，配合比如表 4.1 所示。

表 4.1　不同强度混凝土配合比

强度类别	质量/kg						抗压强度/MPa
	水泥	粉煤灰	水	砂	石	减水剂	
C30	302	66	143	980	929	8.1	32.87
C40	382	57	141	892	967	10.5	44.94
C50	438	65	139	845	960	13.1	52.82

注：表中为 1m³ 混凝土中的质量。

(3) 试验环境分为清水冻融循环环境和硫酸盐冻融循环环境。

清水冻融循环环境与第 2 章相同，采用"快冻法"进行 25 次、50 次、75 次、100 次的冻融循环。

硫酸盐冻融循环环境与第 2 章相同，采用"快冻法"对 5%浓度硫酸钠溶液中的试件进行 25 次、50 次、75 次、100 次的冻融循环。

4.2 室温下的试验结果

1. 破坏过程及破坏形态分析

破坏过程和破坏形态与第 3 章相似，在加载初期，随着夹具相对位移的增加，

CFRP 逐渐被拉紧，不时有轻微响声出现，此时的 CFRP-混凝土界面处于弹性状态，未发生明显现象，剪应力主要分布在加载端。荷载继续增加到破坏荷载的 40% 左右时，试件开始出现响声且频率逐渐变快，界面在此时开始发生剥离，剪应力由加载端向自由端传递。界面的剥离随荷载增加越来越快，直到最后一声脆响，CFRP 片材与混凝土表面剥离，试件完全破坏。

2. 极限承载力

表 4.2 为室温条件下各试件的极限承载力，由表可以看出，混凝土的强度对极限承载力有一定的影响。混凝土强度越高，界面的极限承载力越高。该结论与第 3 章的试验结果相似。原因在于室温条件下界面的破坏大多数出现在混凝土层中，此时的承载力主要取决于混凝土的抗拉强度，混凝土强度越高，CFRP-混凝土界面的黏结强度越高，从而极限承载力越大。

表 4.2　室温条件下试件极限承载力

试件编号	强度类别	极限承载力/kN
SJRT30-1	C30	24.64
SJRT30-2	C30	25.03
SJRT30-3	C30	24.63
平均值	—	24.77
SJRT40-1	C40	27.60
SJRT40-2	C40	27.62
SJRT40-3	C40	27.39
平均值	—	27.54
SJRT50-1	C50	28.98
SJRT50-2	C50	28.60
SJRT50-3	C50	28.54
平均值	—	28.71

注：SJRT30-1 代表双剪试验中室温条件下强度为 30MPa，编号为 1 的试件，其他编号含义以此类推。

3. 应变分布规律

CFRP 试件表面粘贴应变片后，由 DH3816 采集到的数据可以得到，随着荷载的变化，CFRP 的应变(ε)沿黏结长度(x)的分布情况，如图 4.1 所示(图例为相应试件极限承载力的百分数)。

在加载过程中，CFRP 应变可大致分为 3 个阶段：①加载初期，应变产生在加载端，另一端几乎无应变。随荷载增加，应变逐渐由加载端向自由端扩展。②荷载继续增大到剥离荷载，接近加载端位置的界面开始剥离，此处的应变在一个范围内波动,当达到最大值时自由端位置的应变依旧为 0。继续加载,应变峰值向自由端移动,曲线呈现反"S"形。在剥离过程中,存在一段荷载几乎无变化的时间,此段时间内曲线的倾斜段向自由端接近等长移动。③剥离接近自由端时,荷载由于端部黏结增长略微增长,随着一声脆响界面完全破坏。破坏时,自由端附近的应变依旧很小。

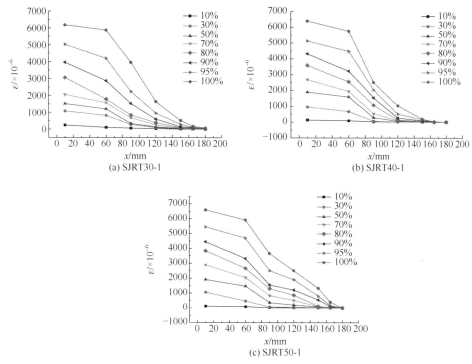

图 4.1　CFRP 应变沿黏结长度的分布

分析试验结果得出,混凝土的强度会影响试件的应变值,混凝土强度越大,应变最大值越大。

4.3　清水冻融循环作用下的试验结果

4.3.1　破坏过程及破坏形态分析

试件在水中冻融循环后,取出晾干,观察其表面特征,粘贴面无明显变化,其他表面随冻融次数增多呈蜂窝状剥落;同一循环次数的试件,混凝土强度越低表面剥落越严重。试件表观形态如图 4.2 所示。双剪试验破坏过程与室温条件下的试件大致相同,但随着冻融循环时间的增加试件的破坏形态逐渐由混凝土层的破坏(Ⅰ类破坏)变为胶体与混凝土接触面的破坏(Ⅱ类破坏)。清水冻融循环后试件典型破坏形态如图 4.3 所示。

　(a) C30循环100次　　　(b) C40循环100次　　　(c) C50循环75次　　　(d) C50循环100次

图 4.2　清水冻融循环后试件表观形态

　　　(a) C30循环100次　　　　　　(b) C40循环100次　　　　　　(c) C50循环100次

图 4.3　清水冻融循环后试件典型破坏形态

由试件破坏形态得出,在冻融循环初期,试件破坏形态为Ⅰ类破坏,随冻融循环次数的增多,破坏形态逐渐由Ⅰ类向Ⅱ类转变;混凝土强度越高,试件破坏形态由Ⅰ类向Ⅱ类转变所需的冻融循环次数越多。例如,C30 的试件,在冻融 25 次后开始出现Ⅱ类型破坏;C40 的试件,在冻融 50 次后开始出现;C50 的试件,在冻融 75 次后开始出现。由此可知,强度越高的混凝土与 CFRP 的界面黏结性能越好。

综合第 2 章的试验结果,CFRP 片材在清水冻融循环后各项力学性能略有提高,而混凝土的强度在清水冻融循环后先小幅度提高后大幅度下降。因此 CFRP-混凝土界面的破坏主要由混凝土性能劣化引起。此结论与文献[190]分析的破坏原因一致。

4.3.2　极限承载力变化规律

表 4.3 为清水冻融循环后各试件的极限承载力。为便于研究清水冻融循环后

CFRP-混凝土界面极限承载力的变化情况,将不同强度的试件进行对比,对比结果如图 4.4 所示。由图中可以看出,不同混凝土强度试件的界面极限承载力随冻融循环次数的增多变化趋势基本一致,表现为在冻融循环初期,界面极限承载力有些许提高,而随冻融循环次数的增多,界面极限承载力不断降低,且强度越低的混凝土,界面极限承载力下降的速率越快。说明混凝土强度越高,CFRP-混凝土界面耐冻融循环性能越好。

表 4.3　清水冻融循环后试件极限承载力

作用环境	试件编号	强度类别	极限承载力/kN
清水冻融 循环 25 次	25SJWD30-1	C30	24.84
	25SJWD30-2	C30	25.74
	25SJWD30-3	C30	25.69
	平均值	—	25.42
清水冻融 循环 50 次	50SJWD30-1	C30	23.87
	50SJWD30-2	C30	23.81
	50SJWD30-3	C30	23.21
	平均值	—	23.63
清水冻融 循环 75 次	75SJWD30-1	C30	21.51
	75SJWD30-2	C30	21.45
	75SJWD30-3	C30	20.87
	平均值	—	21.28
清水冻融 循环 100 次	100SJWD30-1	C30	18.20
	100SJWD30-2	C30	18.11
	100SJWD30-3	C30	17.64
	平均值	—	17.98
清水冻融 循环 25 次	25SJWD40-1	C40	28.08
	25SJWD40-2	C40	27.75
	25SJWD40-3	C40	28.14
	平均值	—	27.99
清水冻融 循环 50 次	50SJWD40-1	C40	26.17
	50SJWD40-2	C40	26.04
	50SJWD40-3	C40	25.81
	平均值	—	26.01
清水冻融 循环 75 次	75SJWD40-1	C40	24.2
	75SJWD40-2	C40	24.13
	75SJWD40-3	C40	23.92
	平均值	—	24.08

续表

作用环境	试件编号	强度类别	极限承载力/kN
清水冻融 循环 100 次	100SJWD40-1	C40	22.23
	100SJWD40-2	C40	22.36
	100SJWD40-3	C40	21.74
	平均值	—	22.11
清水冻融 循环 25 次	25SJWD50-1	C50	29.56
	25SJWD50-2	C50	29.16
	25SJWD50-3	C50	28.83
	平均值	—	29.18
清水冻融 循环 50 次	50SJWD50-1	C50	27.44
	50SJWD50-2	C50	26.76
	50SJWD50-3	C50	27.08
	平均值	—	27.09
清水冻融 循环 75 次	75SJWD50-1	C50	25.03
	75SJWD50-2	C50	24.73
	75SJWD50-3	C50	24.37
	平均值	—	24.71
清水冻融 循环 100 次	100SJWD50-1	C50	22.93
	100SJWD50-2	C50	23.58
	100SJWD50-3	C50	23.15
	平均值	—	23.22

注：25SJWD30-1 代表 25 次清水冻融循环后双剪试验中强度为 30MPa，编号为 1 的试件，其他编号含义以此类推。

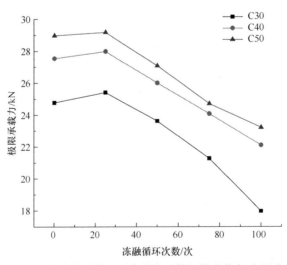

图 4.4　清水冻融循环后各强度试件极限承载力对比图

4.3.3　应变分布规律

CFRP 表面粘贴应变片后，可以由 DH3816 采集到的数据画出应变 ε 随距加载端的距离 x 的变化曲线。图 4.5～图 4.7 分别表示强度为 C30、C40、C50 的试件冻融循环 25 次、50 次、75 次、100 次后的应变分布情况。

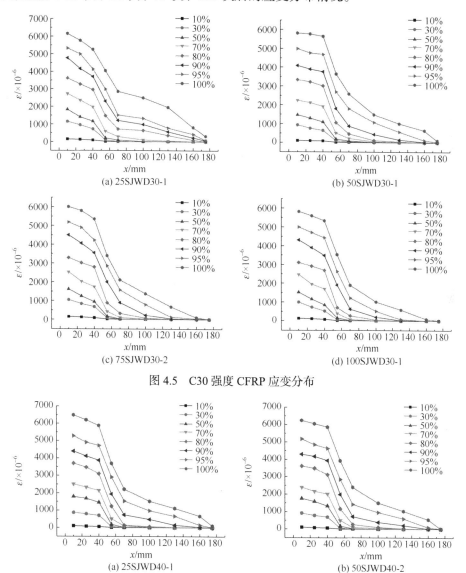

图 4.5　C30 强度 CFRP 应变分布

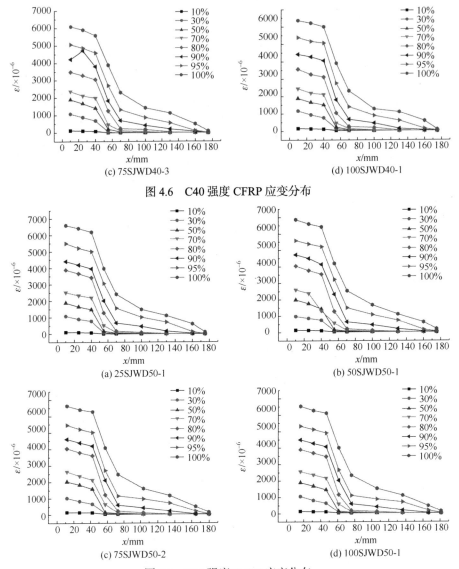

(c) 75SJWD40-3　　　　　　　　　　　(d) 100SJWD40-1

图 4.6　C40 强度 CFRP 应变分布

(a) 25SJWD50-1　　　　　　　　　　　(b) 50SJWD50-1

(c) 75SJWD50-2　　　　　　　　　　　(d) 100SJWD50-1

图 4.7　C50 强度 CFRP 应变分布

经清水冻融循环后，不同混凝土试件 CFRP 应变沿黏结长度方向的分布曲线形状与室温条件下的应变曲线形状类似，但是随冻融循环次数的增加，同一强度的试件 CFRP 表面的应变分布不同。C30 的混凝土，当冻融循环 100 次后，CFRP 的极限应变在 $5500 \times 10^{-6} \sim 6000 \times 10^{-6}$；C40 的混凝土，当冻融循环 100 次后，CFRP 的极限应变在 $5800 \times 10^{-6} \sim 6200 \times 10^{-6}$；C50 的混凝土，当冻融循环 100 次后，CFRP 的极限应变在 $6000 \times 10^{-6} \sim 6500 \times 10^{-6}$。由此可以看出，强度越高的混凝土试件，CFRP 片材的极限应变峰值越大。

4.4　硫酸盐冻融循环作用下的试验结果

4.4.1　破坏过程及破坏形态分析

　　试件放入 5%浓度的硫酸钠溶液中进行冻融循环，取出晾干后发现在混凝土表面附着有白色的硫酸钠晶体，随冻融循环次数增多，表面蜂窝状剥落明显，如图 4.8 所示。硫酸盐冻融循环 25 次、50 次后，界面破坏主要发生在胶体与混凝土的接触面(Ⅱ类破坏)[图 4.9(a)]；硫酸盐冻融循环 75 次、100 次后，破坏面主要发生在基体混凝土中(Ⅰ类破坏)[图 4.9(b)]，CFRP 上粘有一层厚厚的混凝土。分析认为，在少次的冻融作用下，硫酸盐与冻融循环共同作用对混凝土强度的不利影响小于对界面的破坏程度，因此破坏面处于胶体与混凝土的接触面；随冻融次数的增多，硫酸盐与冻融循环共同作用严重影响混凝土的强度，双剪作用使混凝土内部发生剪切破坏，因此破坏面处于基体混凝土中。CFRP-混凝土界面最终破坏形态由两方面因素造成：其一，冻融循环初期，浸渍胶的黏结强度与混凝土强度下降程度不同，使黏结界面出现裂缝；其二，硫酸盐与混凝土发生物理、化学反应生成膨胀性产物，当膨胀应力超过混凝土抗拉强度时，混凝土发生破坏，其强度也出现降低。

(a) 硫酸盐冻融循环25次、50次表观形态
(从左至右依次为循环25次、25次、50次、50次)

(b) 硫酸盐冻融循环75次、100次表观形态
(从左至右依次为循环75次、100次、75次、75次)

图 4.8　硫酸盐冻融循环后试件表观形态

(a) 硫酸盐冻融循环25次、50次破坏形态
(从左至右依次为循环25次、25次、50次、50次)

(b) 硫酸盐冻融循环75次、100次破坏形态
(从左至右依次为循环75次、100次、75次、75次)

图 4.9　硫酸盐冻融循环后试件典型破坏形态

4.4.2　极限承载力变化规律

表 4.4 为硫酸盐冻融循环作用后各试件的极限承载力。

表 4.4　硫酸盐冻融循环作用后各试件极限承载力

作用环境	试件编号	强度类别	极限承载力/kN
硫酸盐冻融 循环 25 次	25SJYD30-1	C30	24.35
	25SJYD30-2	C30	24.01
	25SJYD30-3	C30	24.33
	平均值	—	24.23
硫酸盐冻融 循环 50 次	50SJYD30-1	C30	21.32
	50SJYD30-2	C30	20.39
	50SJYD30-3	C30	22.71
	平均值	—	21.47
硫酸盐冻融 循环 75 次	75SJYD30-1	C30	17.73
	75SJYD30-2	C30	18.71
	75SJYD30-3	C30	18.05
	平均值	—	18.16

续表

作用环境	试件编号	强度类别	极限承载力/kN
硫酸盐冻融 循环 100 次	100SJYD30-1	C30	15.83
	100SJYD30-2	C30	14.94
	100SJYD30-3	C30	15.41
	平均值	—	15.39
硫酸盐冻融 循环 25 次	25SJYD40-1	C40	25.60
	25SJYD40-2	C40	25.43
	25SJYD40-3	C40	26.17
	平均值	—	25.73
硫酸盐冻融 循环 50 次	50SJYD40-1	C40	23.58
	50SJYD40-2	C40	23.21
	50SJYD40-3	C40	24.09
	平均值	—	23.63
硫酸盐冻融 循环 75 次	75SJYD40-1	C40	20.19
	75SJYD40-2	C40	20.04
	75SJYD40-3	C40	21.57
	平均值	—	20.60
硫酸盐冻融 循环 100 次	100SJYD40-1	C40	17.91
	100SJYD40-2	C40	16.31
	100SJYD40-3	C40	18.14
	平均值	—	17.45
硫酸盐冻融 循环 25 次	25SJYD50-1	C50	27.82
	25SJYD50-2	C50	27.71
	25SJYD50-3	C50	28.15
	平均值	—	27.89
硫酸盐冻融 循环 50 次	50SJYD50-1	C50	25.74
	50SJYD50-2	C50	25.64
	50SJYD50-3	C50	25.03
	平均值	—	25.47
硫酸盐冻融 循环 75 次	75SJYD50-1	C50	23.03
	75SJYD50-2	C50	23.18
	75SJYD50-3	C50	22.86
	平均值	—	23.02
硫酸盐冻融 循环 100 次	100SJYD50-1	C50	20.03
	100SJYD50-2	C50	19.71

续表

作用环境	试件编号	强度类别	极限承载力/kN
硫酸盐冻融	100SJYD50-3	C50	18.99
循环 100 次	平均值	—	19.58

注：25SJYD30-1 代表 25 次硫酸盐冻融循环后双剪试验中强度为 30MPa，编号为 1 的试件，其他编号含义以此类推。

为便于研究硫酸盐冻融循环后 CFRP-混凝土界面极限承载力的变化情况，将不同强度的试件进行对比，结果见图 4.10。再将其与清水冻融循环环境下的极限承载力进行对比，结果如图 4.11 所示。由此可以看出，经过有限次的冻融循环后，界面承载力明显降低，且硫酸盐冻融循环中，界面承载力下降明显。不同强度的混凝土下降趋势基本一致，强度较高的试件，界面承载力下降较慢。

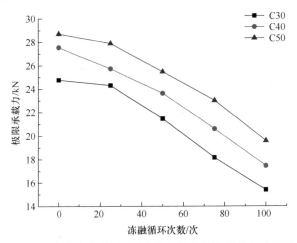

图 4.10　硫酸盐冻融循环后各强度试件极限承载力对比图

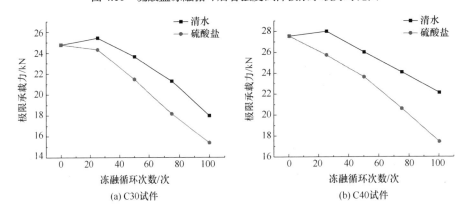

（a）C30试件　　　　　　　　　　　　　（b）C40试件

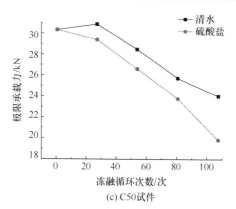

(c) C50试件

图 4.11 清水、硫酸盐冻融循环后试件极限承载力对比图

4.4.3 应变分布规律

硫酸盐冻融循环后各强度试件 CFRP 应变分布如图 4.12 所示。由图可知, 硫酸盐冻融循环与清水冻融循环、室温条件下的应变曲线形状类似。随冻融循环次数的增加, 同一强度的试件 CFRP 表面应变分布不同。C30 的混凝土, 当冻融循环 100 次后, CFRP 的极限应变在 $5000 \times 10^{-6} \sim 5500 \times 10^{-6}$; C40 的混凝土, 当冻融循环 100 次后, CFRP 的极限应变在 $5500 \times 10^{-6} \sim 6000 \times 10^{-6}$; C50 的混凝土, 当冻融

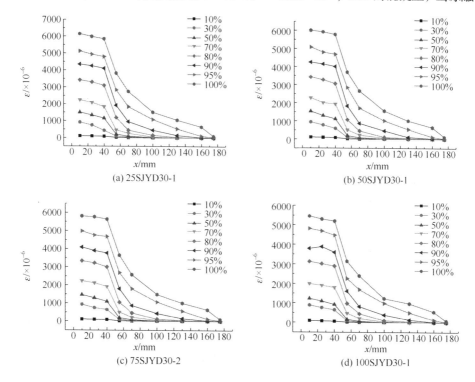

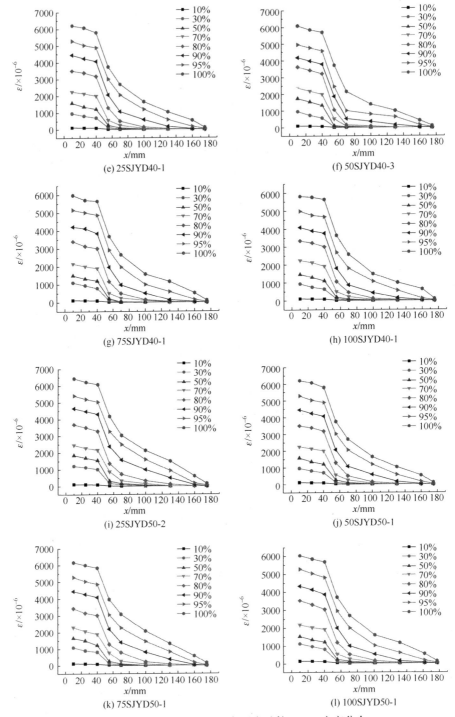

图 4.12　硫酸盐冻融循环后各强度试件 CFRP 应变分布

循环 100 次后，CFRP 的极限应变在 $5800×10^{-6}$～$6200×10^{-6}$。与清水冻融循环试验结果相比，硫酸盐冻融循环作用下，试件荷载和应变在加载端界面剥离时下降幅度更大。由此可以说明，硫酸盐与冻融循环共同作用下 CFRP-混凝土界面耐久性破坏更显著。

4.5　有效黏结长度

图 4.13 和图 4.14 分别给出清水冻融循环和硫酸盐冻融循环作用下的界面有效黏结长度，由图可知，混凝土强度变化时，冻融循环次数对有效黏结长度的影响规律相似，随冻融次数的增多有效黏结长度不断增加，在冻融循环初期增加速率较为缓慢，后期速率加快。分析图中曲线可知，界面咬合力和摩擦力的存在使得界面剥离后应变还有一个略微上升的趋势。因此将应变值为最大应变 2% 与 98% 的两点间的长度作为该试件对应的有效黏结长度。将各试件的有效黏结长度汇总于表 4.5 中，清水冻融循环 100 次后有效黏结长度为 98～105mm，硫酸盐冻融循环 100 次后有效黏结长度为 104～110mm。分析可得，混凝土强度对 CFRP-混凝土黏结长度有一定影响，混凝土强度越高的界面有效黏结长度越小。

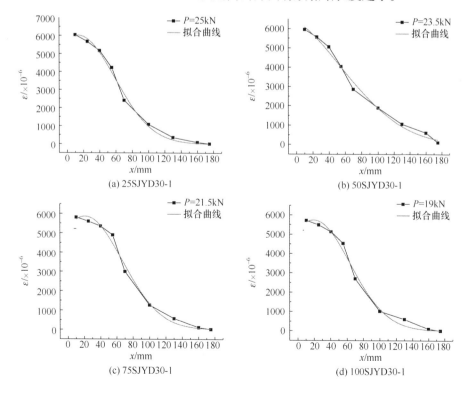

(a) 25SJYD30-1　　　　　　　　　　(b) 50SJYD30-1

(c) 75SJYD30-1　　　　　　　　　　(d) 100SJYD30-1

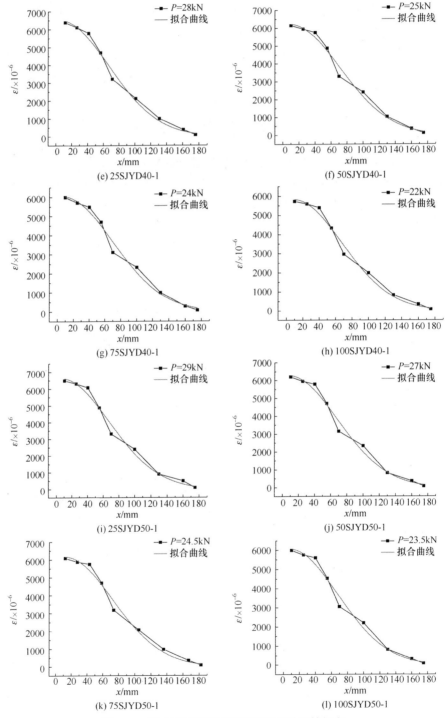

图 4.13　清水冻融循环作用下界面有效黏结长度

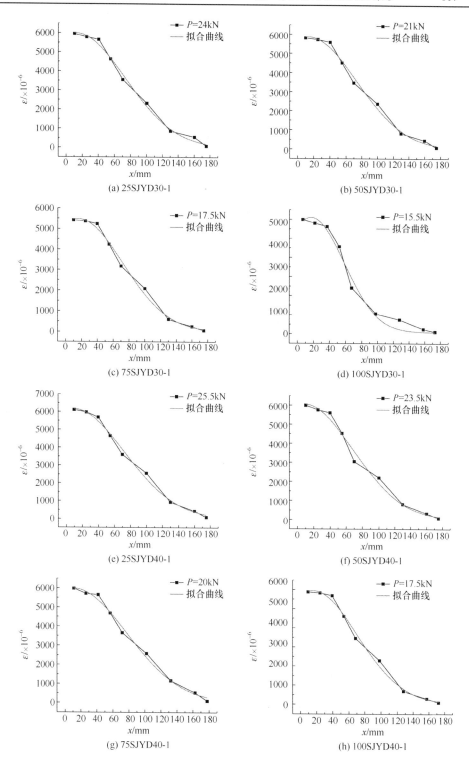

(a) 25SJYD30-1

(b) 50SJYD30-1

(c) 75SJYD30-1

(d) 100SJYD30-1

(e) 25SJYD40-1

(f) 50SJYD40-1

(g) 75SJYD40-1

(h) 100SJYD40-1

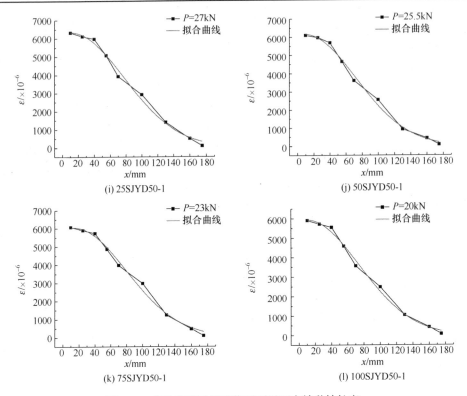

(i) 25SJYD50-1　　　　　　　　(j) 50SJYD50-1

(k) 75SJYD50-1　　　　　　　　(l) 100SJYD50-1

图 4.14　硫酸盐冻融循环作用下界面有效黏结长度

表 4.5　各试件有效黏结长度

环境类别	试件编号	有效黏结长度/mm	环境类别	试件编号	有效黏结长度/mm
室温条件	SJRT30	88	室温条件	SJRT50	83
	SJRT40	85			
C30 清水冻融循环	25SJWD30	87	C30 硫酸盐冻融循环	25SJYD30	92
	50SJWD30	91		50SJYD30	97
	75SJWD30	96		75SJYD30	103
	100SJWD30	103		100SJYD30	110
C40 清水冻融循环	25SJWD40	86	C40 硫酸盐冻融循环	25SJYD40	89
	50SJWD40	88		50SJYD40	93
	75SJWD40	93		75SJYD40	99
	100SJWD40	99		100SJYD40	106

环境类别	试件编号	有效黏结长度/mm	环境类别	试件编号	有效黏结长度/mm
C50 清水冻融循环	25SJWD50	84	C50 硫酸盐冻融循环	25SJYD50	86
	50SJWD50	87		50SJYD50	90
	75SJWD50	92		75SJYD50	96
	100SJWD50	98		100SJYD50	104

为了探讨有效黏结长度在硫酸盐冻融循环条件下受不同参数的影响, 将不同冻融循环次数和不同混凝土强度的试件界面有效黏结长度保持率汇总在图 4.15 中。

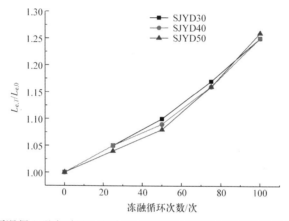

图 4.15   不同混凝土强度时界面有效黏结长度保持率随硫酸盐冻融循环次数的变化

由图 4.15 可以看出, 随硫酸盐冻融循环次数的增加, 界面有效黏结长度也在不断增加, 但混凝土强度对其变化规律的影响不大, 因此可以用一个相同的函数来反映有效黏结长度随侵蚀次数的变化规律。同样在式(3.2)的基础上, 加入影响系数 $\eta_{L,Y}$, 建立考虑硫酸盐冻融循环因素的有效黏结长度计算公式(4.1)。

$$L_{e,T} = \eta_{L,Y} L_{e,0} = 0.933 \eta_{L,Y} \sqrt{\frac{E_f t_f}{\sqrt{f_c}}} \tag{4.1}$$

式中, $L_{e,T}$ 为冻融循环次数为 T 次时的有效黏结长度; $L_{e,0}$ 为室温条件下界面有效黏结长度。

图 4.16 为不同硫酸盐侵蚀次数后界面有效黏结长度的变化曲线, 通过对图中数据拟合, 得到硫酸盐冻融循环作用下界面有效黏结长度的 $\eta_{L,Y}$ 的表达式为

$$\eta_{L,Y} = e^{1.07 \times 10^{-3} + 1.65 \times 10^{-3} T + 5.7 \times 10^{-6} T^2} \tag{4.2}$$

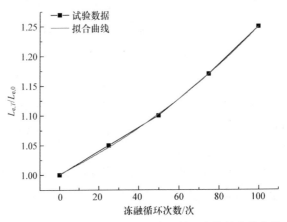

图 4.16　界面有效黏结长度随冻融循环次数的变化曲线

4.6　界面剪应力分布规律

图 4.17 和图 4.18 分别为清水冻融循环和硫酸盐冻融循环条件下试件双剪试验中剪应力的分布曲线。图中横坐标 x 表示相邻测点中点距加载端的距离，纵坐标 τ 表示相邻测点中点位置的平均黏结剪应力。

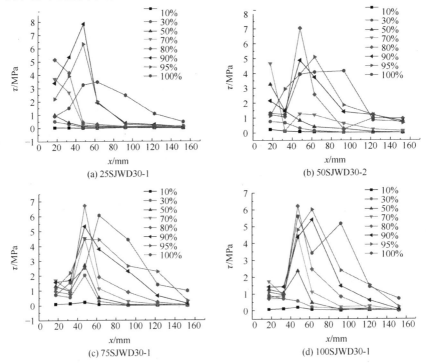

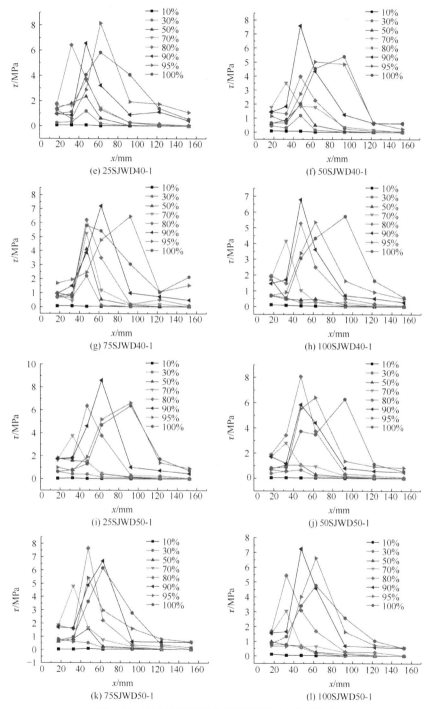

图 4.17　清水冻融循环作用下的剪应力分布曲线

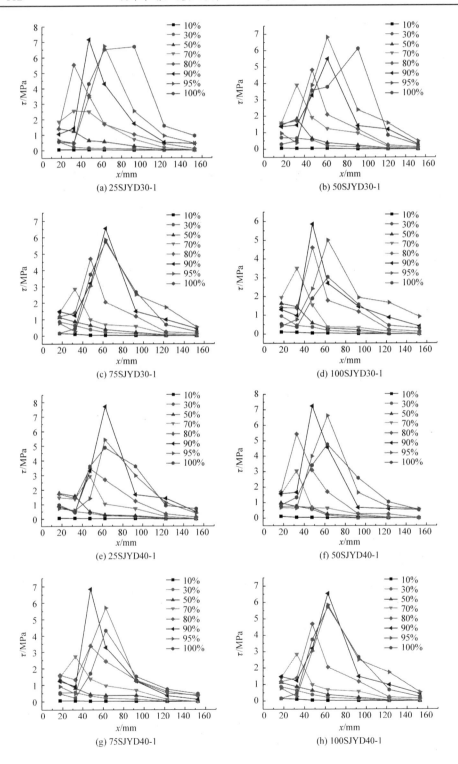

(a) 25SJYD30-1

(b) 50SJYD30-1

(c) 75SJYD30-1

(d) 100SJYD30-1

(e) 25SJYD40-1

(f) 50SJYD40-1

(g) 75SJYD40-1

(h) 100SJYD40-1

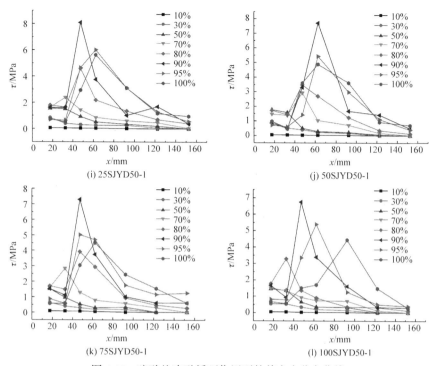

图 4.18　硫酸盐冻融循环作用下的剪应力分布曲线

　　通过对不同强度混凝土试件界面黏结剪应力分布曲线的比较分析，可以得出强度越大的混凝土试件界面黏结剪应力最大值越大。分析图 4.18 可知，各试件的平均黏结剪应力分布曲线形状相似，即各试件界面应力分布规律相似：加载初期，分布曲线呈下降趋势，直至趋近为零。仅在加载端附近存在剪应力，应力峰值出现在加载端。说明加载初期仅在加载端的界面传递荷载，远离加载端的界面几乎不承担荷载，随着加载试验的进行，加载端界面剪应力不断增大，界面传力区间也不断增长，此时加载端界面剪应力向自由端传递，但自由端附近区域的界面剪应力依旧为零，此处仍几乎不承担荷载；加载到后期，荷载接近剥离荷载时，加载端的应力开始降低，应力峰值和黏结剪应力继续向自由端转移，曲线形状呈现"凸"字形，直至 CFRP 与混凝土完全剥离，试件破坏，但此时自由端附近的黏结剪应力依旧很小。

4.7　本 章 小 结

　　本章通过对 CFRP-混凝土试件进行双剪试验，研究了 CFRP-混凝土界面经清水冻融循环和硫酸盐冻融循环后的破坏过程及特征，分析了清水冻融环境、硫酸盐冻融环境下界面承载力的变化和应力应变的分布，得出如下结论。

(1) CFRP-混凝土界面破坏形态：与第 3 章相似，室温条件下所有试件的破坏均为混凝土内部的剪切破坏，CFRP 上或多或少粘有混凝土颗粒与碎屑，且混凝土在加载端出现三角形剪切区。清水冻融循环后破坏界面由混凝土基体逐渐向胶体与混凝土结合处发展。硫酸盐冻融循环后试件破坏类型因冻融次数不同而不同，25 次、50 次冻融循环作用后，界面破坏主要出现在胶体与混凝土交界处，75 次、100 次冻融循环作用后，界面破坏发生在更深层次的混凝土基体内，双剪作用使混凝土内部发生剪切破坏。

(2) CFRP-混凝土界面承载力变化规律：经过清水和 5% 浓度硫酸盐冻融循环作用后，其对各类试件界面极限承载力的影响随冻融循环次数的增加变化趋势一致，表现为冻融循环初期清水冻融循环后微弱升高、硫酸盐冻融循环后微弱降低，而后随冻融循环次数增多界面极限承载力不断降低，且在冻融后期，极限承载力下降速率快于前期。这与硫酸盐和冻融循环共同作用下混凝土强度降低规律一致，因此表明硫酸盐与冻融循环共同作用下混凝土强度的下降是 CFRP-混凝土界面黏结性能降低的主要因素。

(3) 应变分布规律：CFRP 片材上应变自加载端到自由端分布不均匀。加载初期，应变集中在加载端附近，自由端应变为零，随着加载的进行，应变由加载端向自由端传递。经清水和 5% 浓度的硫酸盐冻融循环作用后，不同循环次数下的应变沿黏结长度的分布曲线形状类似，大致为反 "S" 形。但同一强度的试件随冻融循环次数的增加应变最大值下降，在冻融循环后期下降速率明显加快。

(4) 应力分布规律：通过黏结剪应力分布曲线可知，室温、清水冻融循环与硫酸盐冻融循环后的黏结剪应力分布曲线形状类似。加载初期剪应力与应力峰值均出现在加载端附近，随着加载进行，剪应力与应力峰值向自由端传递。荷载接近剥离荷载时，界面剪应力峰值出现在距加载端 70mm 左右，加载端与自由端界面黏结剪应力均比较小。

(5) CFRP-混凝土界面有效黏结长度：经过硫酸盐冻融循环后，界面有效黏结长度随冻融循环次数的增加而增加，但几乎不受混凝土强度的影响。经过 100 次硫酸盐冻融循环后，界面有效黏结长度从室温条件下的 80～90mm 增加到 104～110mm。

第5章　不同应力水平下 CFRP-混凝土界面
黏结性能试验研究

5.1　试验概述

(1) CFRP 片材、混凝土试件原材、双剪试件制作步骤及加载装置与第 3 章相同。

(2) 试验设计的混凝土强度与第 4 章相同。

(3) 不同应力水平下的试验环境分为室温环境和 5% 的硫酸钠溶液干湿循环环境，其中室温环境作为对比环境，硫酸钠溶液中干湿循环次数分别为 30 次、60 次、90 次、120 次，对比环境为干湿循环 0 次。试验试件 27 组共 81 个，其中非持载试件 3 组共 9 个，持载试件 24 组共 72 个，持载架如图 5.1 所示。

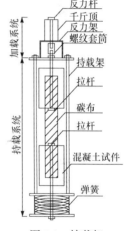

图 5.1　持载架

研究表明，施加任意水平的拉应力都会加速硫酸盐对混凝土的侵蚀，并且在试验过程中发现，施加超过 6kN 的荷载后，荷载水平将很难稳定，且试件容易破坏。本次试验选用 2kN、4kN 两种水平的荷载。

5.2　破坏过程及破坏形态分析

经过硫酸盐干湿循环后，不同应力水平下试件的破坏过程与室温下及前述的硫酸盐侵蚀破坏过程基本相同，试件在不同干湿循环天数及不同应力水平下的破坏过程及破坏形态如下：

干湿循环 30 天的试件因为黏结树脂的进一步固化，以及混凝土强度的提高，界面破坏形态和常温下试件类似，也属于 I 类破坏。随着侵蚀次数的增加，黏结树脂和混凝土基层逐渐因为硫酸根的侵蚀性能退化，黏结界面性能也开始退化。干湿循环 60 天后，破坏界面不再出现剪切三角区，CFRP 片材上黏结的混凝土颗粒也明显比前面两个阶段少。

90 天之后界面破坏形态逐渐变为Ⅱ类破坏。以 SDW120-30-F4 为例，其破坏过程在加载初段与常温试件类似，但最后快要达到破坏荷载时破坏形态有所不同。当加载逐渐达到破坏荷载时，试件开始不断发出"噼啪"声，不久后会发出"啪"的一声，CFRP 片材与混凝土基层分离，试件完全破坏。破坏时间较常温短，破坏过程不如常温下突然，破坏声音也不如常温下的大。

通过对所有双剪试件破坏界面的观察和破坏荷载分析，CFRP-混凝土黏结区还可再细分为渗透层、软弱层和坚硬层。从黏结树脂开始深入混凝土 1～2mm 的区域是渗透层[191]，该区域主要是黏结力和机械咬合力产生作用；3～5mm 是软弱层，主要由水泥浆和细骨料组成；再往下是混凝土坚硬层，强度较高。室温下黏结树脂胶的黏结强度大于混凝土的抗剪强度，所以在开始阶段破坏大多发生在软弱层，但随着干湿循环侵蚀时间的增加，硫酸盐的侵蚀作用使混凝土基层、黏结树脂胶的黏结性能都有不同程度的下降。黏结树脂胶黏结性能的下降速率比混凝土的抗剪强度下降速率快，但在干湿循环 30 次时仍大于混凝土的抗剪强度。干湿循环 60 次时，黏结树脂胶的黏结性能发生了破坏，黏结强度下降到与混凝土抗剪强度相当，破坏开始向渗透层转移。干湿循环 90 次后，黏结树脂胶的黏结强度已下降到混凝土的抗剪强度之下，所以破坏界面发生在渗透层，混凝土基层表面的破坏面积开始减少。不同应力水平下硫酸盐干湿循环后双剪试件典型破坏形态如图 5.2 所示。

(a) SDW60-30-F2　　　　　(b) SDW60-40-F2　　　　　(c) SDW60-50-F2

　　(d) SDW120-30-F4　　　　　　　(e) SDW120-40-F4　　　　　　　(f) SDW120-50-F4

图 5.2　不同应力水平下硫酸盐干湿循环后双剪试件的典型破坏形态

5.3　极限承载力变化规律

CFRP-混凝土双剪试验结果见表 5.1。

表 5.1　不同应力水平下硫酸盐干湿循环后试件极限承载力

试件编号	混凝土强度	持载水平/kN	干湿循环时间/d	极限承载力/kN
SDW0-30-F2			0	19.42
SDW30-30-F2			30	21.17
SDW60-30-F2	C30	2	60	19.56
SDW90-30-F2			90	18.91
SDW120-30-F2			120	16.24
SDW30-30-F4			30	21.54
SDW60-30-F4	C30	4	60	19.21
SDW90-30-F4			90	17.67
SDW120-30-F4			120	13.78
SDW0-40-F2			0	20.71
SDW30-40-F2			30	21.84
SDW60-40-F2	C40	2	60	20.16
SDW90-40-F2			90	18.50
SDW120-40-F2			120	15.14
SDW30-40-F4			30	22.36
SDW60-40-F4	C40	4	60	20.14
SDW90-40-F4			90	16.62
SDW120-40-F4			120	13.37

续表

试件编号	混凝土强度	持载水平/kN	干湿循环时间/d	极限承载力/kN
SDW0-50-F2			0	23.38
SDW30-50-F2			30	23.41
SDW60-50-F2	C50	2	60	20.32
SDW90-50-F2			90	18.68
SDW120-50-F2			120	16.71
SDW30-50-F4			30	22.85
SDW60-50-F4			60	21.13
SDW90-50-F4	C50	4	90	18.35
SDW120-50-F4			120	14.84

注：SDW0-30-F2 表示硫酸盐干湿循环 0 天，强度为 30MPa，持载为 2kN 的试件，其他编号含义以此类推。

从图 5.3～图 5.5 可以看出，双剪试验破坏荷载趋势是以 30 天为节点，先略有上升，然后开始下降。持载为 4kN 的三种强度试件的极限承载力下降幅度都比较大，分别为 29.04%、35.44%、36.53%。而且最大下降幅度都是持载 4kN 的试件，说明持载对界面破坏有一定的不利影响。

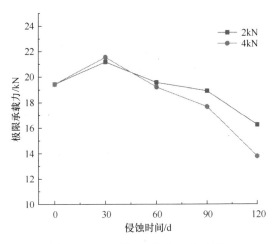

图 5.3　C30 试件双剪试验破坏趋势

对双剪试验破坏荷载的变化趋势进行简单分析可知，对于第一阶段破坏荷载的提高，主要是侵蚀前期硫酸盐与混凝土反应较缓慢，生成少量的钙矾石等膨胀性产物，而这些产物源自混凝土自身浇筑时振捣不充分形成的孔隙中，这样孔隙被填充，混凝土相较于未侵蚀时更加密实，同时干湿循环对 CFRP 片材以及树脂胶与混凝土黏结界面的影响很小，最终体现为破坏荷载小幅度的上升。

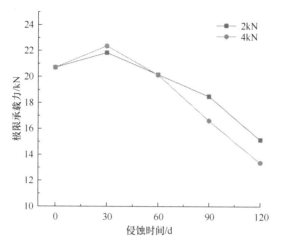

图 5.4　C40 试件双剪试验破坏趋势

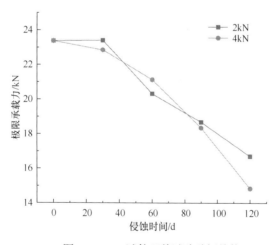

图 5.5　C50 试件双剪试验破坏趋势

当干湿循环大于 30 天后，混凝土强度开始下降，黏结树脂进一步固化，脆性增大。由于不同应力水平作用树脂表面开始出现细微裂缝，硫酸盐开始进入黏结树脂内部，树脂的抗剪承载力开始下降，黏结界面的破坏模式开始变化，混凝土破坏减少，树脂胶的剥离破坏增加，剪切三角区变小直至消失。这说明在持载和硫酸钠溶液干湿循环作用下树脂胶的性能退化比混凝土快。黏结界面的破坏区域开始向树脂胶层转移。

干湿循环 120 天，混凝土的强度到达最低值。在不同应力的作用下，树脂胶的裂缝进一步发展，硫酸根离子继续向黏结界面深处侵蚀，黏结界面的树脂胶层性能进一步退化，其抗剪强度已经远低于混凝土，混凝土与树脂胶的黏结力由于树脂胶性能的退化和不同应力水平的拉力作用已经变得很小。这时的黏结界面破坏区域已经完全转移到了胶层。到 120 天时，破坏后的混凝土界面十分光滑，基本没有混凝土颗粒被剥离，而有的试件混凝土表面会有部分树脂胶残余，表明此时破坏荷载的变化和混凝土强度的变化已经关系不大。

综合以上分析可知，随着干湿循环时间的增加，混凝土强度和 CFRP-混凝土界面破坏力都是以 30 天为界先增加后降低，且破坏形式也逐渐发生转变。对破坏形式转变进行分析可得，在侵蚀前期，界面破坏区域主要发生在混凝土区，破坏强度随混凝土强度的增加而提高。在侵蚀后期，不同应力和干湿循环作用下，树脂胶层受侵蚀严重，抗剪性能持续降低，当低于混凝土的抗拉强度后，界面破坏区域转移到树脂胶层，且应力水平越大，这种现象越明显。

5.4　应变分布规律

应变 ε 随距加载端距离 x 的变化见图 5.6。对比不同曲线可以看出，极限应变的变化规律与双剪试验破坏荷载变化规律相似，都是以 30 天为节点，前 30 天略有上升，30 天后开始下降，并且持载越大，下降的幅度越大。在干湿循环 30 天后，极限应变提高到了 6000×10^{-6} 以上，C50 强度的混凝土 30 天极限应变甚至升高到了接近 8000×10^{-6}。在干湿循环 120 天后，极限应变下降至 $3000 \times 10^{-6} \sim 5000 \times 10^{-6}$。特别是持续荷载 4kN 条件下，极限应变下降到了 4000×10^{-6} 以下。而且从图中也可以看出，随着侵蚀时间的增加，应变曲线倾斜段变得越来越平缓，斜率减少，界面的传力长度变大。

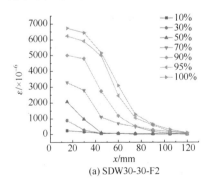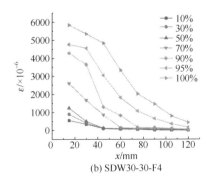

(a) SDW30-30-F2　　　　　　　　　(b) SDW30-30-F4

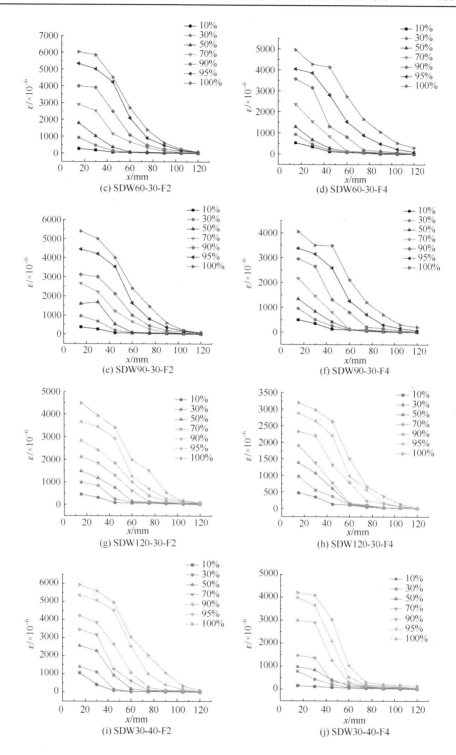

(c) SDW60-30-F2

(d) SDW60-30-F4

(e) SDW90-30-F2

(f) SDW90-30-F4

(g) SDW120-30-F2

(h) SDW120-30-F4

(i) SDW30-40-F2

(j) SDW30-40-F4

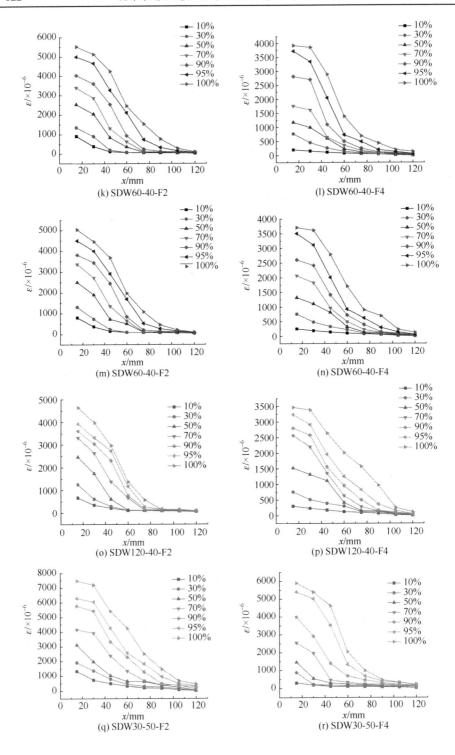

(k) SDW60-40-F2

(l) SDW60-40-F4

(m) SDW60-40-F2

(n) SDW60-40-F4

(o) SDW120-40-F2

(p) SDW120-40-F4

(q) SDW30-50-F2

(r) SDW30-50-F4

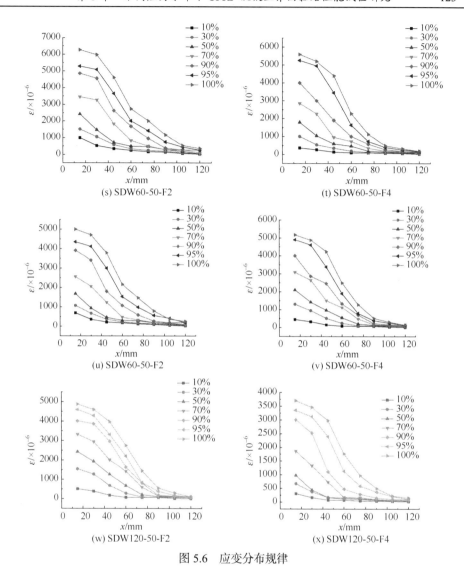

图 5.6 应变分布规律

5.5 有效黏结长度

图 5.7 给出的是界面有效黏结长度在硫酸盐干湿循环 120 天时不同应力水平下随混凝土强度的变化关系。从图中可以看出，干湿循环 120 天时，两种持载的双剪试验应变拟合曲线趋势大致相同，持续荷载对有效黏结长度的影响很小。对比室温下界面有效黏结长度可以发现，干湿循环 120 天时，拟合曲线的下降段更加平缓，整体下降段相对向右移动，这说明试件在侵蚀后，粘贴界面的传力长度

更长，传力区域也从加载端向另一侧移动。

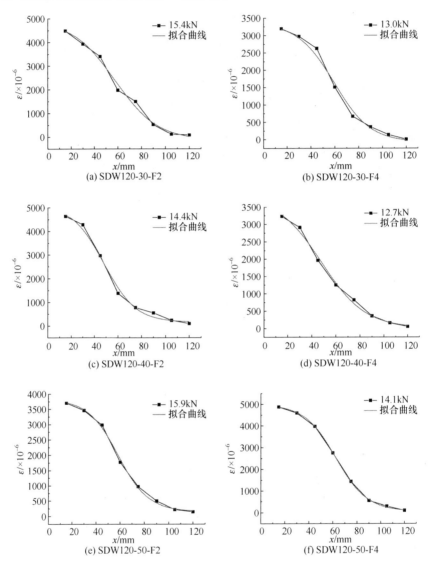

图 5.7　不同应力水平及混凝土强度对界面有效黏结长度的影响

5.6　界面剪应力分布规律

图 5.8 是不同双剪试件在不同工况下的剪应力变化趋势。

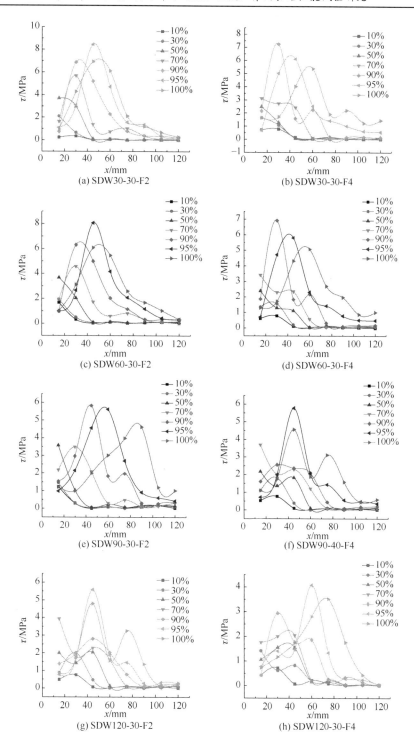

(a) SDW30-30-F2

(b) SDW30-30-F4

(c) SDW60-30-F2

(d) SDW60-30-F4

(e) SDW90-30-F2

(f) SDW90-40-F4

(g) SDW120-30-F2

(h) SDW120-30-F4

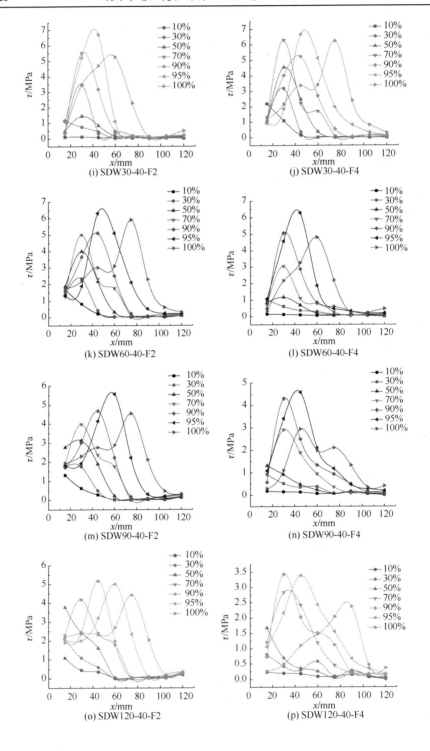

(i) SDW30-40-F2

(j) SDW30-40-F4

(k) SDW60-40-F2

(l) SDW60-40-F4

(m) SDW90-40-F2

(n) SDW90-40-F4

(o) SDW120-40-F2

(p) SDW120-40-F4

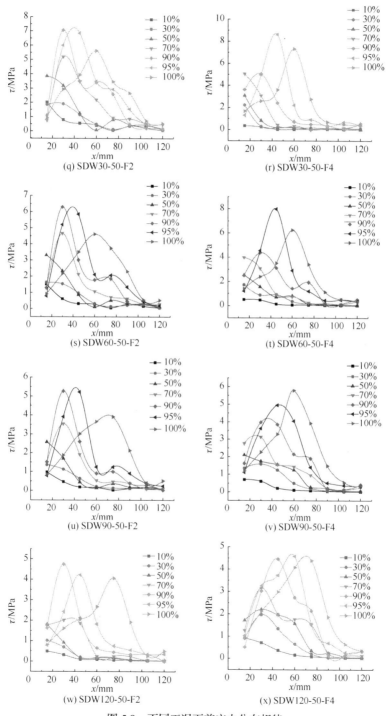

图 5.8　不同工况下剪应力分布规律

对比不同曲线可以看出，极限应力的变化规律与双剪试验破坏荷载变化规律相似，都是以 30 天为节点，前 30 天略有上升，30 天后开始下降，并且持载越大，下降的幅度越大。干湿循环 30 天后，基本都提高到了 8MPa 以上，C50 强度的混凝土 30 天峰值应力甚至升高到了接近 10MPa。干湿循环 120 天后，峰值应力下降到了 5MPa 左右。特别是持续荷载 4kN 条件下，峰值应力基本都下降到了 4MPa 以下。而且从图 5.8 中还可以看出，在加载初期，靠近加载端的剪应力较小，随着荷载的增大，剪应力慢慢增大，黏结界面开始出现破坏，剪应力峰值也开始逐渐向另一端移动，出现在距离加载端 40～60mm 处。同时随着干湿循环天数的进一步增加，剪应力峰值逐渐移动到 60mm 左右处，破坏荷载甚至到了 80mm 左右，特别是持载 4kN 的试件，对比持载 2kN 的试件，无论侵蚀时间的长短，还是峰值出现的位置都要靠后 10mm 左右，这说明随着侵蚀时间的增加，界面的传力长度也增加。硫酸盐干湿循环对有效黏结长度也有一定的影响，而持续荷载加剧着这种影响。

5.7　本章小结

本章通过对 CFRP-混凝土试件进行双剪试验，研究了 CFRP-混凝土界面侵蚀后的破坏过程及特征，分析了不同应力水平下 CFRP-混凝土界面黏结性能的变化，得到如下结论：

(1) 在侵蚀初期，黏结强度有不同程度的提升，而随着侵蚀时间的增加，黏结强度开始下降。这说明，混凝土力学性能的变化是 CFRP-混凝土黏结界面力学性能退化的主要原因之一。

(2) 在硫酸盐干湿循环和不同应力水平下，CFRP-混凝土黏结界面的应变和剪应力沿黏结界面的分布规律类似，最大应变和最大剪应力都随着侵蚀时间的增加而降低。特别是在试验后期，下降速率明显加快。

(3) 黏结界面的破坏形态主要有两种：第一种多发生在侵蚀初期，破坏层为混凝土表面的软弱层，破坏方式为剪切破坏。第二种多发生在侵蚀后期，破坏层为混凝土与树脂胶相互作用的渗透层，破坏方式为黏结界面的剥离破坏。出现这两种不同破坏方式的原因是 FRP 片材与混凝土的黏结性能的退化速度快于混凝土剪切性能的退化速度。由于最开始树脂胶的黏结应力大于混凝土的抗剪强度，侵蚀初期的破坏发生于混凝土一侧。侵蚀后期树脂胶的力学性能退化，黏结应力小于混凝土的抗剪强度，所以破坏发生在黏结界面处。

(4) 不同应力水平对黏结界面的影响: 在硫酸盐干湿循环环境下, 试件承受的应力水平越大, 黏结界面的破坏力越小, 应变和剪应力下降越多, 界面破坏形态也多为剥离破坏。说明应力对 CFRP 黏结界面有一定的不利影响。

(5) 有效黏结长度: 在持载和硫酸盐干湿循环耦合环境下, 侵蚀时间越长, 应变曲线的下降段越平缓, 剪应力峰值也越向远端移动, 界面的传力区间变长, 界面的有效黏结长度有所增加。

第6章 CFRP-混凝土界面承载力模型研究

CFRP-混凝土界面承载力是对界面黏结性能的宏观表达，也是反映界面黏结性能最为直观的指标，虽然国内外众多学者提出了不同的承载力模型，但这些模型很少考虑侵蚀环境对界面性能的影响。在不同的侵蚀环境中，界面的黏结性能会随着侵蚀时间的推移而出现退化。为此，本章在硫酸盐侵蚀环境下 CFRP-混凝土双剪试验结果分析的基础上，对硫酸盐侵蚀环境作用下界面承载力的退化规律进行研究，建立考虑硫酸盐侵蚀因素影响的界面承载力模型。

6.1 承载力模型

国内外学者通过大量的试验研究和理论分析，建立了一些承载力模型，如 Hiroyuki & Wu 模型[192]、Tanaka 模型[193]、van Gemert 模型[28]、Chaallal 等模型[194]、Sato 等模型[195]、Izumo 模型[196]、Iso 模型[196]、Neubauer & Rostasy 模型[32]、Khalifa 模型[197]、杨勇新等模型[24]、Chen & Teng 模型[48]、陆新征模型[45]等。通过对上述模型的分析可以看出，界面承载力主要取决于混凝土强度、FRP 片材刚度、有效黏结长度、宽度比 4 个关键因素，而早期模型考虑的影响因素比较少，近期的模型对各影响因素的考虑则相对全面一些，其中 Neubauer & Rostasy 模型、Chen & Teng 模型、陆新征模型均考虑了 4 个因素的影响，模型表达式如下。

1)Neubauer & Rostasy 模型

$$P_u = \begin{cases} 0.64\beta_w b_f \sqrt{E_f t_f f_t}, & L \geqslant L_e \\ 0.64\beta_w b_f \sqrt{E_f t_f f_t} \dfrac{L}{L_e}\left(2 - \dfrac{L}{L_e}\right), & L < L_e \end{cases} \tag{6.1}$$

其中

$$\beta_w = \sqrt{1.125 \frac{2 - b_f / b_c}{1 + b_f / 400}}$$

$$L_e = \sqrt{\frac{E_f t_f}{2 f_t}}$$

式中，P_u 为界面极限承载力；b_f 为 FRP 宽度；b_c 为混凝土试件宽度；L_e 为有效黏结长度；β_w 为宽度系数；t_f、E_f 分别为 CFRP 片材的厚度和弹性模量；f_t 为混凝土抗拉强度。

2) Chen & Teng 模型

$$P_u = 0.427\beta_l\beta_w b_f L_e \sqrt{E_f t_f \sqrt{f_c}} \tag{6.2}$$

其中

$$\beta_w = \sqrt{\frac{2 - b_f / b_c}{1 + b_f / b_c}}$$

$$\beta_l = \begin{cases} \sin\left(\dfrac{\pi L}{2L_e}\right), & L \leqslant L_e \\ 1, & L > L_e \end{cases}$$

$$L_e = \sqrt{\frac{E_f t_f}{\sqrt{f_c'}}}$$

式中，f_c 为混凝土抗压强度。

3) 陆新征模型

$$P_u = \beta_l b_f \sqrt{2E_f t_f G_f} \tag{6.3}$$

其中

$$G_f = 0.308\sqrt{f_t}\beta_w^2$$

$$\beta_w = \sqrt{\frac{2.25 - b_f / b_c}{1.25 + b_f / b_c}}$$

$$\beta_l = \begin{cases} \dfrac{L}{L_e}\left(2 - \dfrac{L}{L_e}\right), & L < L_e \\ 1, & L \geqslant L_e \end{cases}$$

$$L_e = 1.33\frac{\sqrt{E_f t_f}}{f_t}$$

式中，G_f 为界面断裂能。

混凝土的抗拉强度可由其抗压强度换算得到，因此可以用混凝土抗压强度代替 Neubauer & Rostasy 模型和陆新征模型中的混凝土抗拉强度，上述三个承载力模型可通过一个统一的表达式表示：

$$P_u = A\beta_l\beta_w b_f \sqrt{E_f t_f \sqrt{f_c}} \tag{6.4}$$

经硫酸盐侵蚀环境作用后,界面的黏结性能会随侵蚀时间的延长而出现退化,已有的界面承载力模型不能准确反映经硫酸盐侵蚀环境作用后界面黏结性能的退化。本章在式(6.4)的基础上,引入硫酸盐环境下承载力综合影响系数η_s,通过对宽度系数β_w和黏结长度系数$\beta_{l,T}$进行调整,建立考虑硫酸盐侵蚀环境作用的界面承载力模型:

$$P_{u,T} = A\eta_s \beta_{l,T} \beta_w b_f \sqrt{E_f t_f \sqrt{f_{c0}}} \qquad (6.5)$$

其中

$$\beta_w = \sqrt{\frac{2 - b_f / b_c}{1 + b_f / b_c}}$$

$$\beta_{l,T} = \begin{cases} \sin^2\left(\dfrac{\pi L}{2L_{e,T}}\right), & L \leqslant L_{e,T} \\ 1, & L > L_{e,T} \end{cases}$$

式中,$P_{u,T}$为腐蚀时间T时的界面极限承载力;A为常系数;$\beta_{l,T}$为黏结长度系数;β_w为宽度系数;t_f、E_f分别为 CFRP 片材的厚度和弹性模量。

对于第 3 章硫酸盐侵蚀环境作用下的不同配合比的混凝土试件,通过上述公式可以分别得到各侵蚀环境作用下的界面承载力模型。

6.2 硫酸盐持续浸泡作用下界面承载力模型

把室温下水胶比为 0.53,未掺粉煤灰时得到的界面极限承载力代入式(6.5)可得到常系数 A=0.436,后续均以该条件下的试验结果为基准,研究不同因素对界面承载力的影响规律。

6.2.1 界面承载力随侵蚀时间的变化

CFRP-混凝土界面承载力会随硫酸盐浸泡时间的增加而出现退化,在此取水胶比为 0.53,CFRP 黏结长度为 180mm,未掺粉煤灰的试件界面极限承载力随硫酸盐持续浸泡时间的变化来探讨侵蚀时间对界面承载力的影响。为了解决混凝土不均质性导致的试验结果离散性较大的问题,把不同侵蚀时间得到的界面极限承载力以室温下试件的平均值做归一化处理,以侵蚀时间T为横坐标,$P_{u,T}/P_{u,0}$为纵坐标,即可得到界面极限承载力保持率随侵蚀时间的变化趋势,如图 6.1 所示。图中,W为水胶比,F为粉煤灰掺量,C为硫酸盐溶液浓度。采用式(6.5)对图中数据进行拟合可得到硫酸盐持续浸泡作用下承载力综合影响系数的表达式:

$$\eta_s(T) = e^{0.01177 - 3.325 \times 10^{-4} T - 2.648 \times 10^{-6} T^2} \qquad (6.6)$$

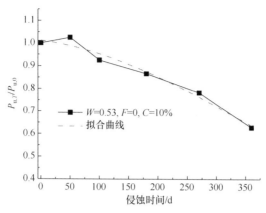

图 6.1　极限承载力保持率与侵蚀时间的关系曲线(硫酸盐持续浸泡)

从图 6.1 可以看出，试验值在侵蚀前期有一个略微增大的现象，这是混凝土中水泥水化不完全，后期强度提高所致，并不是界面本身承载力增大。因此，硫酸盐持续浸泡作用下承载力综合影响系数的表达式未考虑侵蚀前期极限承载力的增长。

由第 3 章的试验结果可知，采用降低混凝土水胶比、增加粉煤灰掺量等抗硫酸盐侵蚀措施后，CFRP-混凝土界面在硫酸盐侵蚀环境下的黏结性能得到了一定改善，表现出如下规律：①随着水胶比的减小，不同侵蚀时间对应的界面承载力的降幅减小；②随着粉煤灰掺量的增加，界面承载力降幅减小；③硫酸盐溶液浓度越高，界面承载力降幅越大。因此，随着水胶比、粉煤灰掺量、硫酸盐浓度的变化，综合影响系数也会随之变化，在采用式(6.5)进行承载力计算时必须对硫酸盐持续浸泡作用下承载力综合影响系数进行修正，式(6.6)可以表示为

$$\eta_{\mathrm{s}}(T) = k_W k_F k_C \mathrm{e}^{0.01177 - 3.325 \times 10^{-4} T - 2.648 \times 10^{-6} T^2} \tag{6.7}$$

式中，k_W、k_F、k_C 分别为水胶比修正系数、粉煤灰掺量修正系数、硫酸盐溶液浓度修正系数。

6.2.2　水胶比对承载力综合影响系数的影响

硫酸盐浓度为 10%，CFRP 黏结长度为 180mm，水胶比为 0.35、0.44 的试件界面极限承载力保持率随侵蚀时间的变化如图 6.2 所示(水胶比为 0.53 时的变化见图 6.1)。采用式(6.7)对图中数据进行拟合(取 $k_F = 1$、$k_C = 1$)，可得到水胶比修正系数 k_W 随侵蚀时间 T 的变化关系，如图 6.3 所示。经回归计算可得到水胶比修正系数 k_W 的表达式：

$$k_W = 1 + \frac{1.049T}{360}(0.53 - W)^{1.036} \tag{6.8}$$

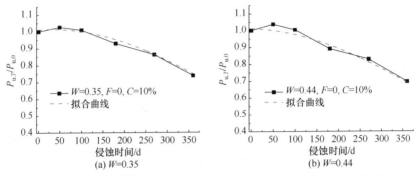

图 6.2　水胶比不同时极限承载力保持率与侵蚀时间的关系曲线(硫酸盐持续浸泡)

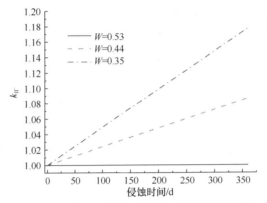

图 6.3　k_W 随侵蚀时间变化曲线(硫酸盐持续浸泡)

6.2.3　粉煤灰掺量对承载力综合影响系数的影响

　　硫酸盐浓度为 10%，CFRP 黏结长度为 180mm，水胶比为 0.53，粉煤灰掺量分别为 10%、15%、20%、25%的试件的界面极限承载力保持率随侵蚀时间的变化如图 6.4 所示。采用式(6.7)对图中数据进行拟合(取 k_W =1、k_C =1)，可得到粉煤灰掺量修正系数 k_F 随侵蚀时间 T 的变化关系，如图 6.5 所示。经回归计算可得到粉煤灰掺量修正系数 k_F 的表达式：

$$k_F = 1 + \frac{0.96T}{360} F^{1.13} \tag{6.9}$$

6.2.4　硫酸盐浓度对承载力综合影响系数的影响

　　CFRP 黏结长度为 180mm，水胶比为 W=0.53，未掺粉煤灰的试件，硫酸盐浓度分别为 10%和 5%时的界面极限承载力保持率随侵蚀时间的变化如图 6.1 和图 6.6 所示。采用式(6.7)对图中数据进行拟合(取 k_W =1、k_F =1)，可得到硫酸盐浓度修正系数 k_C 随侵蚀时间 T 的变化关系，如图 6.7 所示。经回归计算可得到硫酸

盐浓度修正系数 k_C 的表达式：

$$k_C = 1 + \frac{1.42T}{360}\left(0.1 - C\right)^{0.82} \tag{6.10}$$

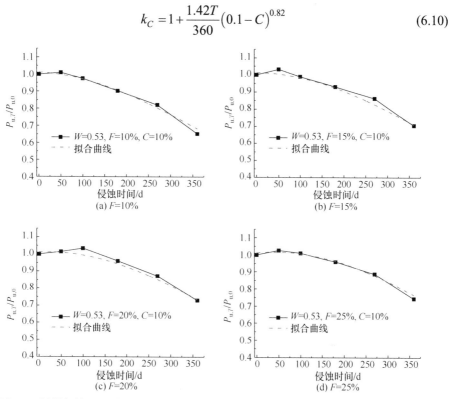

图 6.4　粉煤灰掺量不同时极限承载力保持率与侵蚀时间的关系曲线(硫酸盐持续浸泡)

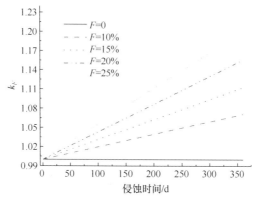

图 6.5　k_F 随侵蚀时间变化曲线(硫酸盐持续浸泡)

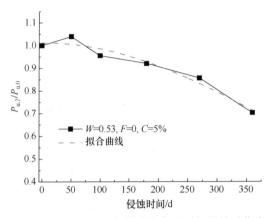

图 6.6　硫酸盐浓度为 5%时极限承载力保持率与侵蚀时间的关系曲线(硫酸盐持续浸泡)

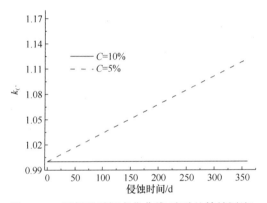

图 6.7　k_C 随侵蚀时间变化曲线(硫酸盐持续浸泡)

6.2.5　界面承载力模型

把式(6.8)～式(6.10)代入式(6.7)可得到混凝土水胶比、粉煤灰掺量和硫酸盐浓度修正后的硫酸盐持续浸泡作用下承载力综合影响系数的表达式:

$$
\begin{aligned}
\eta_s(T) &= k_W k_F k_C \mathrm{e}^{0.01177 - 3.325 \times 10^{-4} T - 2.648 \times 10^{-6} T^2} \\
&= \left[1 + \frac{1.049T}{360}(0.53 - W)^{1.036}\right]\left(1 + \frac{0.96T}{360}F^{1.13}\right) \\
&\quad \left[1 + \frac{1.42T}{360}(0.1 - C)^{0.82}\right]\mathrm{e}^{0.01177 - 3.325 \times 10^{-4} T - 2.648 \times 10^{-6} T^2}
\end{aligned}
\tag{6.11}
$$

将式(6.11)代入式(6.5)可得到硫酸盐持续浸泡作用下 CFRP-混凝土界面承载力模型。

6.2.6　预测模型结果与试验结果的对比分析

采用式(6.5)和式(6.11)对不同工况下界面承载力进行计算,并以试验获得的界面极限承载力为横坐标,模型计算值为纵坐标,给出计算值与试验值的对比关系,如图 6.8 所示。从图中可以看出,数据的分布可分为两部分,在极限承载力未超过一定值(约 18kN)时模型计算值与试验值吻合较好,计算值与试验值均分布在 45°线周围;当极限承载力较大时,数据点基本分布在 45°线的下方,说明此时试验值大于计算值。出现该现象的原因在于当试件的黏结长度远大于界面有效黏结长度时,界面加载端附近虽然已经剥离,但剥离界面处还存在一定的摩擦力和咬合力,界面极限承载力会出现小幅增长,由于预测模型中未考虑黏结长度超过有效黏结长度时的摩擦力和咬合力对界面极限承载力的增大作用,试验值大于模型计算值。

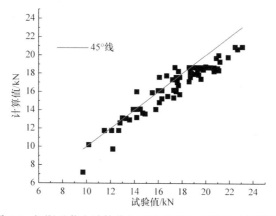

图 6.8　极限承载力计算值与试验值对比(硫酸盐持续浸泡)

6.3　硫酸盐干湿循环作用下界面承载力模型

6.3.1　界面承载力随侵蚀时间的变化

CFRP-混凝土界面承载力会随硫酸盐干湿循环时间的增加而出现退化,在此取水胶比为 0.53,CFRP 黏结长度为 180mm,未掺粉煤灰的试件的界面极限承载力随硫酸盐干湿循环作用时间的变化来探讨侵蚀时间对界面承载力的影响。同样为了消除由混凝土的不均质性和试件制作的差异带来试验结果离散性较大的问题,对不同侵蚀时间得到的界面极限承载力以室温下试件的平均值做归一化处理。以侵蚀时间 T 为横坐标,归一化后 $P_{u,T}/P_{u,0}$ 为纵坐标,即可得到界面极限承载力保持率随侵蚀时间的变化趋势,如图 6.9 所示。采用式(6.5)对图中数据进行拟合即可得到硫酸盐干湿循环作用下承载力综合影响系数的表达式:

$$\eta_s(T) = e^{0.0062 + 9.975 \times 10^{-4}T - 3.997 \times 10^{-5}T^2} \tag{6.12}$$

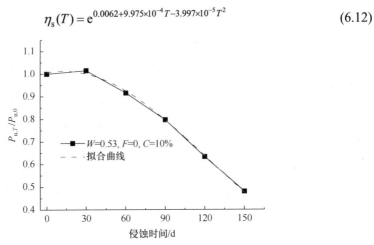

图 6.9　极限承载力保持率与侵蚀时间的关系曲线(硫酸盐干湿循环)

　　由第 3 章的试验结果可知，与硫酸盐持续浸泡作用相同，硫酸盐干湿循环作用后，采用式(6.5)进行承载力计算时必须对硫酸盐环境下承载力综合影响系数进行修正，式(6.12)可以表示为

$$\eta_s(T) = k_W k_F k_C e^{0.0062 + 9.975 \times 10^{-4}T - 3.997 \times 10^{-5}T^2} \tag{6.13}$$

式中，k_W、k_F、k_C 分别为水胶比修正系数、粉煤灰掺量修正系数、硫酸盐溶液浓度修正系数。

6.3.2　水胶比对承载力综合影响系数的影响

　　硫酸盐浓度为 10%，CFRP 黏结长度为 180mm 的试件，水胶比为 0.35、0.44时，界面极限承载力保持率随侵蚀时间的变化如图 6.10 所示(水胶比为 0.53 时的变化见图 6.9)。采用式(6.13)对图中数据进行拟合(取 $k_F = 1$、$k_C = 1$)，可得到水胶比修正系数 k_W 随侵蚀时间 T 的变化关系，如图 6.11 所示。经回归计算可得水胶比修正系数 k_W 的表达式：

$$k_W = 1 + \frac{0.89T}{150}(0.53 - W)^{1.06} \tag{6.14}$$

6.3.3　粉煤灰掺量对承载力综合影响系数的影响

　　硫酸盐浓度为 10%，CFRP 黏结长度为 180mm，水胶比为 0.53，粉煤灰掺量分别为 10%、15%、20%、25%时，界面极限承载力保持率随侵蚀时间的变化如图 6.12 所示。采用式(6.13)对图中数据进行拟合(取 $k_W = 1$、$k_C = 1$)，可得到粉煤灰掺量修正系数 k_F 随侵蚀时间 T 的变化关系，如图 6.13 所示。经回归计算可得到粉

煤灰掺量修正系数 k_F 的表达式：

$$k_F = 1 + \frac{0.93T}{150}F^{1.08} \tag{6.15}$$

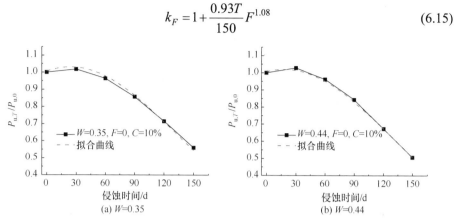

图 6.10　水胶比不同时极限承载力保持率与侵蚀时间的关系曲线(硫酸盐干湿循环)

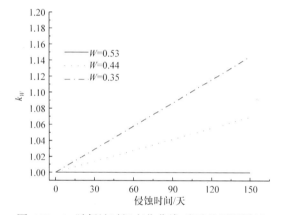

图 6.11　k_W 随侵蚀时间变化曲线(硫酸盐干湿循环)

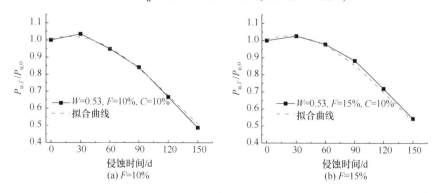

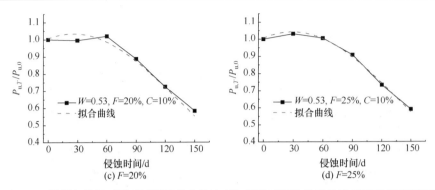

图 6.12　粉煤灰掺量不同时极限承载力保持率与侵蚀时间的关系曲线(硫酸盐干湿循环)

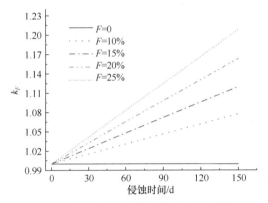

图 6.13　k_F 随侵蚀时间变化曲线(硫酸盐干湿循环)

6.3.4　硫酸盐浓度对承载力综合影响系数的影响

CFRP 黏结长度为 180mm，水胶比为 0.53，未掺粉煤灰的试件，在硫酸盐浓度分别为 10%和 5%时的界面极限承载力保持率随侵蚀时间的变化如图 6.9 和图 6.14 所示。采用式(6.13)对图中数据进行拟合(取 $k_W =1$、$k_F =1$)，可得到硫酸盐浓度修正系数 k_C 随侵蚀时间 T 的变化关系，如图 6.15 所示。经回归计算可得到硫酸盐浓度修正系数 k_C 的表达式：

$$k_C = 1 + \frac{1.62T}{150}(0.1 - C)^{0.74} \tag{6.16}$$

6.3.5　界面承载力模型

把式(6.14)～式(6.16)代入式(6.13)可得到对混凝土水胶比、粉煤灰掺量和硫酸盐浓度修正后的硫酸盐干湿循环作用下承载力综合影响系数的表达式：

$$\eta_{s}(T) = k_W k_F k_C e^{0.0062+9.975\times10^{-4}T-3.997\times10^{-5}T^2}$$

$$= \left[1+\frac{0.89T}{150}(0.53-W)^{1.06}\right]\left(1+\frac{0.93T}{150}F^{1.08}\right)$$ (6.17)

$$\left[1+\frac{1.62T}{150}(0.1-C)^{0.74}\right]e^{0.0062+9.975\times10^{-4}T-3.997\times10^{-5}T^2}$$

将式(6.17)代入式(6.5)即可得到硫酸盐干湿循环作用下 CFRP-混凝土界面承载力模型。

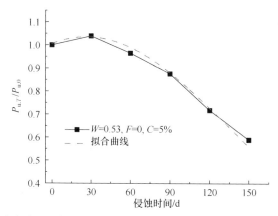

图 6.14　硫酸盐浓度为 5%时极限承载力保持率与侵蚀时间的关系曲线(硫酸盐干湿循环)

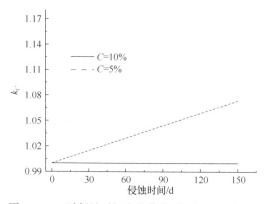

图 6.15　k_C 随侵蚀时间变化曲线(硫酸盐干湿循环)

6.3.6　预测模型结果与试验结果的对比分析

采用式(6.5)和式(6.17)对不同工况下界面承载力进行计算,并以试验获得的界面极限承载力为横坐标,模型计算值为纵坐标,给出计算值与试验值的对比关系,如图 6.16 所示。从图中可以看出,与硫酸盐持续浸泡作用下相似,在硫酸盐干湿循环作用下 CFRP-混凝土界面极限承载力计算值与试验值的分布也可分为两部分，在极限承载力未超过一定值(约 18kN)时模型计算值与试验值吻合较好，计算值与试验值均分布在 45°线周围；当极限承载力较大时，数据点基本分布在 45°线的下方。出现该现象的原因同样是剥离面处产生的摩擦力和咬合力使界面极限承载力出现小幅增长，而在预测模型中未考虑黏结长度超过有效黏结长度时的摩擦力和咬合力对界面极限承载力的增大作用，从而试验值大于模型计算值。

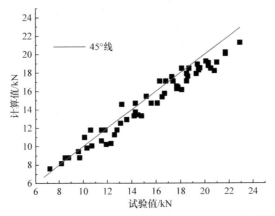

图 6.16　极限承载力计算值与试验值对比(硫酸盐干湿循环)

6.4　硫酸盐冻融循环作用下界面承载力模型

将室温条件下 C30 强度的混凝土试件界面承载力值代入式(6.5)，可得到常系数 A=0.549。

由第 4 章可知，CFRP-混凝土界面承载力会随着硫酸盐冻融循环时间的增加而降低，且混凝土强度也会对界面黏结性能产生重要影响。因此考虑硫酸盐冻融循环的影响系数的表达式为

$$\eta_s(T) = e^{a+bT+cT^2} \tag{6.18}$$

6.4.1　界面承载力随冻融循环次数的变化规律

取混凝土强度为 C30 的试件界面极限承载力随硫酸盐冻融循环次数的变化来研究侵蚀次数对界面承载力的影响。为了消除试件混凝土基层和胶层的不均匀性给试验结果造成的误差，对不同侵蚀次数得到的界面极限承载力以室温下试件的平均值做归一化处理，以冻融循环次数 T 为横坐标和归一化后 $P_{u,T}/P_{u,0}$ 为纵坐标，即可得到界面极限承载力保持率随冻融循环次数的变化趋势，如图 6.17 所示。采用式(6.5)对图中数据进行拟合可得到硫酸盐冻融循环作用下承载力综合影响系数的表达式：

$$\eta_s(T) = e^{0.00525 - 0.001T - 3.81 \times 10^{-5}T^2} \tag{6.19}$$

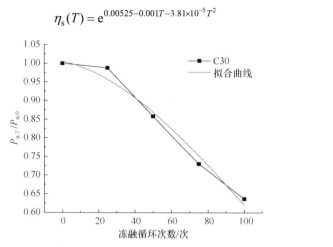

图 6.17　C30 强度界面承载力保持率与冻融循环次数的关系曲线

6.4.2　预测模型结果与试验结果的对比分析

采用式(6.5)与式(6.19)对不同工况下的各试件界面承载力进行计算，以试验所得界面极限承载力为横坐标，模型计算值为纵坐标，可得计算值与试验值的对比关系，如图 6.18 所示。由图中可以看出，在硫酸盐冻融循环作用下 CFRP-混凝土界面极限承载力计算值与试验值的分布可以分为两个部分，在极限承载力未超过一定值(约 19kN)时模型计算值与试验值吻合较好，计算值与试验值约分布在 45°线周围。当极限承载力较大时，数据点基本分布在 45°线的下方，出现该现象的原因同样是黏结长度大于有效黏结长度，剥离界面存在咬合力与摩擦力使界面极限承载力出现小幅增长，而在建立的预测模型中未考虑此种情况，从而试验值大于模型计算值。

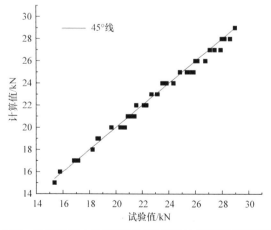

图 6.18　极限承载力计算值与试验值对比(硫酸盐冻融循环)

6.5　不同应力水平下界面承载力模型

把室温下混凝土强度为 C30, 持载水平为 0 的双剪试件的界面承载力代入式(6.5)中, 可得到常系数 $A=0.427$。

6.5.1　界面承载力随干湿循环时间的变化规律

由第 5 章可知, CFRP-混凝土界面承载力会随硫酸盐干湿循环时间的增加而出现退化,并且混凝土的强度和不同应力水平也会对界面黏结性能产生重要影响。因此在考虑硫酸盐干湿循环影响的影响系数的基础上引入应力水平影响系数 k_P, 则综合影响系数的表达式为

$$\eta_s(T) = k_P e^{a+bT+cT^2} \tag{6.20}$$

在此取混凝土强度为 C30, 持载 2kN 的试件界面极限承载力随硫酸盐干湿循环时间的变化来研究侵蚀时间对界面极限承载力的影响。为了消除试件混凝土基层和胶层的不均匀性给试验结果造成的不利影响, 同样经归一化处理后, 可得到界面极限承载力保持率随干湿循环时间的变化趋势, 如图 6.19 所示。采用式(6.20)对图中数据进行拟合(取 $k_P=1$)可得到不同应力水平下硫酸盐干湿循环作用后承载力综合影响系数的表达式:

$$\eta_s(T) = e^{0.00477+0.00323T-3.98\times10^{-5}T^2} \tag{6.21}$$

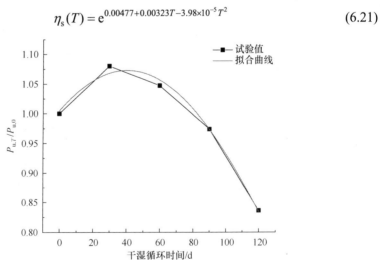

图 6.19　界面极限承载力保持率与干湿循环时间的关系

6.5.2　持载水平对承载力综合影响系数的影响

取混凝土强度为 C30, 应力水平分别为 2kN、4kN 的试件, 其界面极限承载

力保持率随干湿循环时间的变化趋势如图 6.19 和图 6.20 所示。采用式(6.16)对图中数据进行拟合(取 $k_C=1$),可以得到应力水平修正系数 k_P 随干湿循环时间 T 的函数关系。应力水平修正系数 k_P 的表达式为

$$k_P = 1 - 0.00158T(P-2)^{-0.69174} \tag{6.22}$$

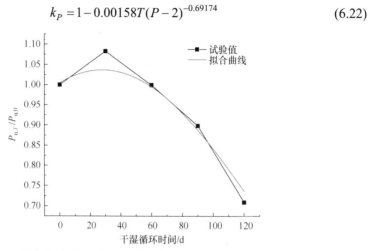

图 6.20　4kN 应力水平下界面极限承载力保持率与干湿循环时间关系曲线

6.5.3　界面承载力模型

把式(6.21)、式(6.22)代入式(6.20)可以得到经不同应力水平修正后的硫酸盐干湿循环作用下的承载力综合系数 η_s 的表达式:

$$\begin{aligned}
\eta_s(T) &= k_P e^{a+bT+cT^2} \\
&= \left[1 - 0.00158T(P-2)^{-0.69174}\right] e^{0.00477+0.00323T-3.98\times10^{-5}T^2}
\end{aligned} \tag{6.23}$$

将式(6.23)代入式(6.5)即可得到不同应力水平下硫酸盐干湿循环作用后 CFRP-混凝土界面承载力模型。

6.5.4　预测模型结果与试验结果的对比分析

采用式(6.5)和式(6.23)对不同工况下界面承载力进行计算,并以试验获得的界面极限承载力为横坐标,模型计算值为纵坐标,给出计算值与试验值的对比关系,如图 6.21 所示。从图中可以看出,在硫酸盐干湿循环作用下 CFRP-混凝土界面极限承载力计算值与试验值的分布也可分为两部分,在极限承载力未超过一定值时(约 18kN)时模型计算值与试验值吻合较好。当极限承载力较大时,数据点基本分布在 45°线的下方。这是因为试验中,CFRP 片材的黏结长度大于有效黏结长度,所以超出部分与混凝土的黏结力与摩擦力会对真实的界面承载力有加成作用,而预测模型中没有考虑到这一点,导致试验值略大于计算值。

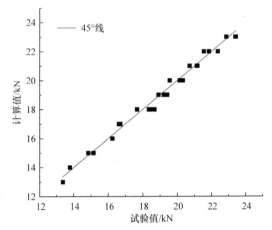

图 6.21　极限承载力计算值与试验值对比(不同应力水平)

6.6　本 章 小 结

本章分析了硫酸盐持续浸泡作用、硫酸盐干湿循环作用和硫酸盐冻融循环作用以及不同应力水平下 CFRP-混凝土界面承载力随侵蚀时间的变化规律；分析了不同因素(水胶比、粉煤灰掺量、硫酸盐浓度、冻融循环次数、持载水平)对界面承载力的影响；建立了考虑硫酸盐侵蚀影响的 CFRP-混凝土界面承载力模型。本章主要结论如下：

(1) 通过引入硫酸盐环境下承载力综合影响系数(考虑了水胶比、粉煤灰掺量、硫酸盐浓度、冻融循环次数、持载水平的影响)，建立了考虑硫酸盐持续浸泡作用、硫酸盐干湿循环作用和硫酸盐冻融循环作用影响以及不同应力水平下的 CFRP-混凝土界面承载力模型。

(2) CFRP-混凝土界面承载力模型能够很好地反映整个侵蚀过程中界面承载力随侵蚀时间的退化规律，但在侵蚀前期的一段时间内，模型预测结果均略小于试验结果，主要是混凝土中水泥水化不完全后期强度提高所致，并不是界面本身承载力增大所致，因此预测模型未考虑侵蚀前期界面承载力的增长。

(3) 通过对比试验和模型获得的界面承载力发现，在黏结长度不大于有效黏结长度时模型计算值和试验值吻合较好，当黏结长度大于有效黏结长度时，模型计算值均小于试验值，原因在于界面剥离后剥离面处产生的摩擦力和咬合力使得界面承载力出现小幅增长，而在计算模型中未考虑黏结长度超过有效黏结长度时的摩擦力和咬合力对界面承载力的增大作用，从而试验值大于模型计算值。

第 7 章　CFRP-混凝土界面黏结-滑移模型研究

CFRP-混凝土界面的黏结性能是外贴 CFRP 加固混凝土结构技术的关键[182]，而界面黏结-滑移关系模型是研究 CFRP-混凝土界面受力性能的基础。目前，国内外学者提出了许多界面黏结-滑移模型，这些模型能准确模拟黏结界面的受力情况[6-9,51,55,62,197-200]，但对硫酸盐侵蚀环境对界面黏结-滑移模型的影响却考虑较少。在硫酸盐侵蚀环境中，混凝土性能会随着时间的推移有所退化，在一定程度上会影响界面黏结性能，最终引起不可避免的耐久性问题。为了进一步探讨硫酸盐侵蚀环境下 CFRP-混凝土界面性能的退化规律，在试验结果的基础上，本章对硫酸盐侵蚀环境下界面黏结-滑移关系进行研究，建立考虑硫酸盐侵蚀环境影响的界面黏结-滑移模型。

7.1　黏结-滑移曲线的获取

CFRP-混凝土界面受力示意图如图 7.1 所示。通过 CFRP 表面布置的应变片可以得到各点处的应变分布，在获得 CFRP 表面各点应变分布的基础上，通过差分方程可得到相应的局部黏结应力，黏结应力计算同式(3.3)。

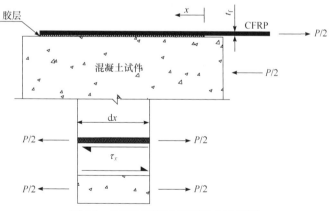

图 7.1　CFRP-混凝土界面受力示意图

混凝土的平均应变远小于 CFRP 的应变，因此可忽略混凝土的应变 ε_c。

$$\frac{\mathrm{d}s}{\mathrm{d}x} = \varepsilon_f - \varepsilon_c \approx \varepsilon_f \tag{7.1}$$

CFRP 表面各点的滑移量可按以下简化公式计算：

$$s_i = s_{i-1} + \left(\delta_{f,i} - \delta_{c,i}\right) \approx s_{i-1} + \delta_{f,i} \tag{7.2}$$

$$\delta_{f,i} = \frac{\varepsilon_{f,i} - \varepsilon_{f,i-1}}{2}\Delta l_{b,i} + \varepsilon_{f,i-1}\Delta l_{b,i} \tag{7.3}$$

式中，s_i 为 i 点处的滑移量，$s_0 = 0$；$\delta_{f,i}$ 为 i 点处 CFRP 的伸长量；$\delta_{c,i}$ 为 i 点处混凝土的伸长量。

由上述方法获得的界面剪应力和相应的界面相对滑移量，可绘制出界面黏结-滑移曲线。在获取黏结-滑移曲线时把混凝土看作均质材料来计算，现实中混凝土是由多种材料组成的非均质体，而试验采用的应变片尺寸较小，在粘贴过程中应变片下面可能对应不同的材料(粗骨料、水泥砂浆或者二者都存在)，使得在不同位置处获得的黏结-滑移曲线具有一定的离散性。为了消除混凝土材料的非均匀性引起的差异，在绘制黏结-滑移曲线时对剪应力和滑移值分别以 τ_{max} 和 s_0 进行归一化处理，以处理后的 τ_i 和 s_i 绘制 CFRP-混凝土界面黏结-滑移曲线。

通过式(3.3)和式(7.1)～式(7.3)可以得到各试件的 CFRP-混凝土黏结界面上不同位置处的黏结-滑移曲线。图 7.2 为室温下 SW-A-0-180 试件距离加载端不同位置处的黏结-滑移曲线，从图中可以看出，不同位置处获得的黏结-滑移曲线形状基本一致，均可分为上升段和下降段，所有曲线的上升段非常接近，几乎重叠在一起，但下降段曲线的离散性较大。从图中还可以看出，距离加载端越远的点获得的黏结-滑移曲线的下降段越短。

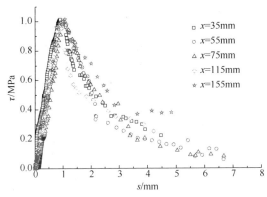

图 7.2　室温下 SW-A-0-180 试件距离加载端不同位置处的黏结-滑移曲线

7.1.1　室温下界面黏结-滑移曲线

室温下混凝土水胶比、粉煤灰掺量和黏结长度不同时，界面黏结-滑移曲线如图 7.3 所示。从图中可以看出，混凝土水胶比不同时，获得的界面黏结-滑移曲线的形状相似，只是随着水胶比的减小界面峰值剪应力有所增加。黏结长度对界面黏结-滑移曲线的影响可以分为两类：①当黏结长度大于有效黏结长度时，不同长度试件得到的界面黏结-滑移曲线与黏结长度为 180mm 的试件的规律相同；②当黏结长度小于有效黏结长度时，界面黏结-滑移曲线形状在上升段与黏结长度较长的试件相似，但下降段较短且离散性较大，同时界面峰值剪应力较小。主要原因在于黏结长度小于有效黏结长度时，当达到剥离荷载后界面突然剥离，不存在加载端界面剥离后应力向自由端传递的过程，导致在加载端界面剪应力达到峰值后界面开始剥离，同时应变片的布置具有一定的间距，从而导致获得的黏结-滑移曲线的下降段较短且离散性较大，并且界面峰值剪应力较小。由于黏结长度小于有效黏结长度时得到的界面黏结-滑移曲线不完整，在后续进行 CFRP-混凝土界面黏结-滑移模型分析时均采用黏结长度较长的试件。

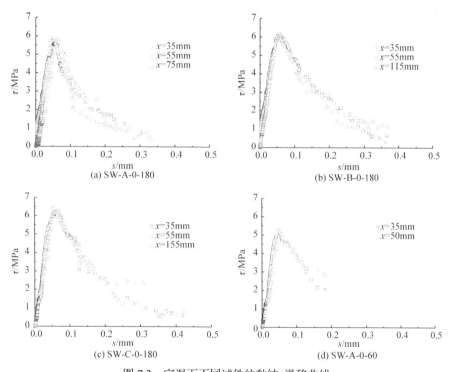

图 7.3　室温下不同试件的黏结-滑移曲线

7.1.2　硫酸盐持续浸泡作用下界面黏结-滑移曲线

1）硫酸盐持续浸泡时间对黏结-滑移曲线的影响

图 7.4 为硫酸盐持续浸泡时间不同时各试件的黏结-滑移曲线。由图可知，不同侵蚀时间，CFRP-混凝土界面黏结-滑移 (τ-s) 曲线形状基本保持一致，均由上升

段与下降段组成，在上升段曲线走势较为接近，下降段离散性较大。而且随着硫酸盐持续浸泡时间的延长，界面剪应力峰值及其对应的界面滑移量均随之下降。

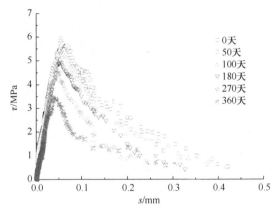

图 7.4　硫酸盐持续浸泡时间对黏结-滑移曲线的影响

2) 水胶比对黏结-滑移曲线的影响

硫酸盐持续浸泡作用时间为 360 天，混凝土水胶比不同时各试件的界面黏结-滑移曲线见图 7.5。由图可知，经硫酸盐侵蚀后不同水胶比的试件 CFRP-混凝土黏结界面黏结-滑移(τ-s)曲线形状基本保持一致，但随着混凝土水胶比的减小，界面剪应力峰值和其对应的界面滑移量的降低幅度变小。

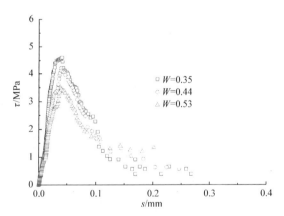

图 7.5　水胶比对黏结-滑移曲线的影响(硫酸盐持续浸泡)

3) 粉煤灰掺量对黏结-滑移曲线的影响

硫酸盐持续浸泡作用时间为 360 天，混凝土粉煤灰掺量不同时各试件的界面黏结-滑移曲线见图 7.6。由图可知，粉煤灰掺量不同时，CFRP-混凝土界面黏结-滑移(τ-s)曲线形状基本保持一致。并且随着混凝土粉煤灰掺量的增加，界面剪应力峰值及其对应的界面滑移量降低幅度有所减小。

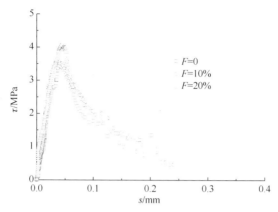

图 7.6　粉煤灰掺量对黏结-滑移曲线的影响(硫酸盐持续浸泡)

4) 硫酸盐浓度对黏结-滑移曲线的影响

硫酸盐持续浸泡作用时间为 360 天，硫酸盐浓度不同时各试件的界面黏结-滑移曲线见图 7.7。由图可知，硫酸盐浓度不同时，CFRP-混凝土界面黏结-滑移(τ-s) 曲线形状基本保持一致，但在硫酸盐浓度较高时，界面剪应力峰值及其对应的界面滑移量的下降幅度明显变大。

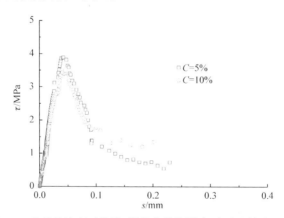

图 7.7　硫酸盐浓度对黏结-滑移曲线的影响(硫酸盐持续浸泡)

7.1.3　硫酸盐干湿循环作用下界面黏结-滑移曲线

1) 硫酸盐干湿循环作用时间对黏结-滑移曲线的影响

图 7.8 为硫酸盐干湿循环作用时间不同时各试件的界面黏结-滑移曲线。由图可知，不同腐蚀时间，CFRP-混凝土界面黏结-滑移(τ-s) 曲线形状基本保持一致，均由上升段与下降段组成，在上升段曲线走势较为接近，下降段离散性较大。而

且随着硫酸盐干湿循环时间的延长，界面剪应力峰值及其对应的界面滑移量均随之下降。

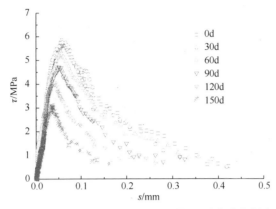

图 7.8　硫酸盐干湿循环时间对黏结-滑移曲线的影响

2) 水胶比对黏结-滑移曲线的影响

硫酸盐干湿循环作用时间为 150 天，混凝土水胶比不同时各试件的界面黏结-滑移曲线见图 7.9。由图可知，混凝土水胶比不同时，CFRP-混凝土界面黏结-滑移(τ-s)曲线形状基本保持一致，但水胶比越小，界面剪应力峰值及其对应的界面滑移量的降低幅度越小。

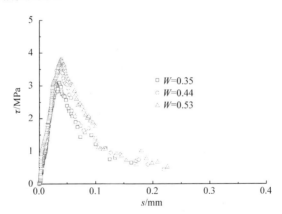

图 7.9　水胶比对黏结-滑移曲线的影响(硫酸盐干湿循环)

3) 粉煤灰掺量对黏结-滑移曲线的影响

硫酸盐干湿循环作用时间为 150 天，混凝土粉煤灰掺量不同时各试件的界面黏结-滑移曲线见图 7.10。由图可知，粉煤灰掺量不同时，CFRP-混凝土界面黏结-滑移(τ-s) 曲线形状基本保持一致，但随着粉煤灰掺量的增加，界面剪应力峰值及其对应的界面滑移量的下降幅度减小。

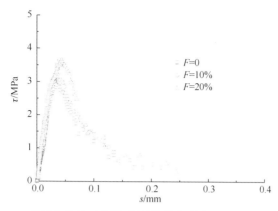

图 7.10　粉煤灰掺量对黏结-滑移曲线的影响(硫酸盐干湿循环)

4) 硫酸盐浓度对黏结-滑移曲线的影响

硫酸盐干湿循环作用时间为 150 天，硫酸盐浓度不同时各试件的界面黏结-滑移曲线见图 7.11。由图可知，硫酸盐浓度不同时，CFRP-混凝土界面黏结-滑移(τ-s)曲线形状基本保持一致，但在硫酸盐浓度较高时，界面剪应力峰值及其对应的界面滑移量的下降幅度明显变大。

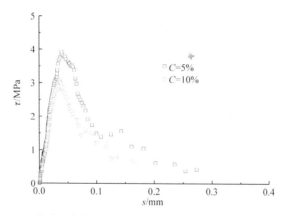

图 7.11　硫酸盐浓度对黏结-滑移曲线的影响(硫酸盐干湿循环)

7.1.4　冻融循环作用下的界面黏结-滑移曲线

1) 清水冻融循环作用下的界面黏结-滑移曲线

图 7.12 为清水冻融循环次数不同时 C30 各试件的黏结-滑移曲线。从图中可以看出，不同冻融循环次数时界面黏结-滑移曲线走势保持一致，黏结剪应力随滑移量的增加先快速上升后缓慢下降。上升阶段各试件冻融后走势基本接近，下降阶段存在较大离散性。随着冻融循环次数增多，界面黏结剪应力峰值降低，且滑移量也随之减小。

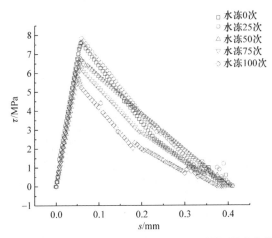

图 7.12　清水冻融循环不同次数的界面黏结-滑移曲线

2) 硫酸盐冻融循环作用下的界面黏结-滑移曲线

图 7.13 为硫酸盐冻融循环次数不同时 C30 各试件的黏结-滑移曲线。从图中可以看出,不同冻融循环次数其界面黏结-滑移曲线走势保持一致。随冻融循环次数增多,界面黏结剪应力峰值和滑移量与清水冻融循环作用下的变化趋势相同。与图 7.12 对比可知,硫酸盐冻融循环对界面黏结-滑移影响显著,相同冻融循环次数,硫酸盐冻融循环对应的界面黏结剪应力峰值与滑移量均比清水冻融循环低。

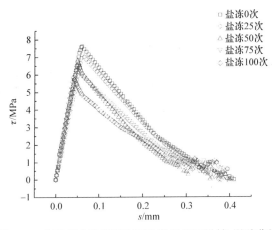

图 7.13　硫酸盐冻融循环不同次数的界面黏结-滑移曲线

3) 混凝土强度对界面黏结-滑移曲线的影响

图 7.14 为硫酸盐冻融循环 100 次后,不同强度混凝土时各界面的黏结-滑移曲线。从图中可以看出,不同强度的试件其界面黏结-滑移曲线形状走势一致。随

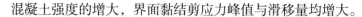

混凝土强度的增大，界面黏结剪应力峰值与滑移量均增大。

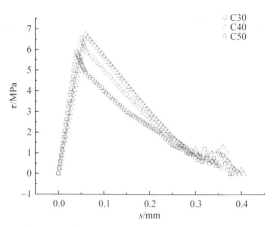

图 7.14　不同混凝土强度的界面黏结-滑移曲线

7.2　CFRP-混凝土界面黏结-滑移模型

目前国内外学者对 FRP-混凝土界面的黏结-滑移关系已经做了比较深入的研究，通过试验、有限元模拟、理论推导等方法提出了黏结-滑移模型，图 7.15 为上述几种典型黏结-滑移关系模型对应的曲线形状。图 7.15(a)为直角三角形模型，忽略了界面在加载后期的软化行为，把界面近似看作弹性体，属于早期模型；图 7.15(b)～图 7.15(d)所示的黏结-滑移关系模型均为两阶段曲线模型，曲线由上升段和下降段组成，目前对 CFRP-混凝土界面的研究大多采用该类型的曲线模型，其中图 7.15(b)所示的双线性模型为简化模型。以下介绍较常见的黏结-滑移本构关系模型。

1) Neubauer & Rostasy 直角三角形模型

Neubauer & Rostasy 直角三角形模型[201]在开始阶段界面黏结应力 τ 随滑移量 s 的增加呈直线上升，直至黏结应力达到界面剥离强度 $\tau_{\max}$ ，然后突然下降为零。Neubauer & Rostasy 通过 70 个试件的面内剪切试验结果回归得到了模型中的各项参数，表达式如下：

$$\begin{cases} \tau = \tau_{\max}\left(\dfrac{s}{s_0}\right), & s \leqslant s_0 \\[2mm] \tau = \tau_{\max}, & s > s_0 \end{cases} \tag{7.4a}$$

$$\tau_{\max} = 1.8\beta_{\mathrm{w}} f_{\mathrm{t}} \tag{7.4b}$$

$$s_0 = 0.202\beta_{\mathrm{w}} \tag{7.4c}$$

$$\beta_{\mathrm{w}} = \sqrt{1.125 \frac{2 - b_{\mathrm{f}} / b_{\mathrm{c}}}{1 + b_{\mathrm{f}} / 400}} \tag{7.4d}$$

式中，τ 为黏结应力；s 为界面滑移量；$\tau_{\max}$ 为界面上最大黏结应力即黏结强度；s_0 为 $\tau_{\max}$ 对应的滑移量；f_{t} 为混凝土抗拉强度；b_{c} 为混凝土的宽度；b_{f} 为 FRP 的宽度；β_{w} 为宽度修正系数。

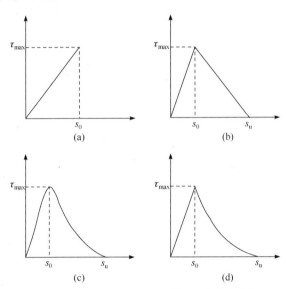

图 7.15　FRP-混凝土界面黏结-滑移关系曲线

2) Monti 等双线性模型

Monti 等[202]先假定 FRP-混凝土界面黏结-滑移关系为双线性模型，通过大量的试验数据进行曲线拟合，具体的公式如下：

$$\begin{cases} \tau = \tau_{\max}\left(\dfrac{s}{s_0}\right), & s \leqslant s_0 \\[2mm] \tau = \tau_{\max}\left(\dfrac{s_{\mathrm{f}} - s}{s_{\mathrm{f}} - s_0}\right), & s \leqslant s_0 \leqslant s_{\mathrm{f}} \\[2mm] \tau = 0, & s \geqslant s_0 \end{cases} \tag{7.5a}$$

$$\tau_{\max} = 1.8\beta_{\mathrm{w}} f_{\mathrm{t}} \tag{7.5b}$$

$$s_0 = 2.5\tau_{\max}\left(\frac{t_0}{E_{\mathrm{a}}} + \frac{50}{E_{\mathrm{c}}}\right) \tag{7.5c}$$

$$s_{\mathrm{f}} = 1.1\beta_{\mathrm{w}} \times 0.3 \tag{7.5d}$$

$$\beta_{\mathrm{w}} = \sqrt{\frac{1.5(2 - b_{\mathrm{f}} / b_{\mathrm{c}})}{1 + b_{\mathrm{f}} / 100}} \tag{7.5e}$$

式中，s_{f} 为极限滑移量，即黏结应力降到零时的滑移量。

3) Dai & Ueda 模型

Dai 和 Ueda[203]采用刚度较小的黏结胶，通过对 29 个胶层刚度 K_{a} ($K_{\mathrm{a}} = G_{\mathrm{a}} / t_{\mathrm{a}}$，$G_{\mathrm{a}}$ 为胶层剪切模量)在 0.14～1.1GPa/mm 的试件的面内剪切试验结果进行分析推导，给出了界面黏结-滑移本构关系，其表达式为

$$\begin{cases} \tau = \tau_{\max} \left(\dfrac{s}{s_0} \right)^{0.575} \\[2mm] \tau = \tau_{\max} \mathrm{e}^{-\beta(s - s_0)} \end{cases} \tag{7.6a}$$

$$\tau_{\max} = \frac{-0.575 \alpha K_{\mathrm{a}} + \sqrt{2.481 \alpha^2 K_{\mathrm{a}}^2 + 6.3 \alpha \beta^2 K_{\mathrm{a}} G_{\mathrm{f}}}}{2\beta} \tag{7.6b}$$

$$s_0 = \tau_{\max} / (\alpha K_{\mathrm{a}}) \tag{7.6c}$$

$$\alpha = 0.028 (E_{\mathrm{f}} t_{\mathrm{f}})^{0.254} \tag{7.6d}$$

$$K_{\mathrm{a}} = G_{\mathrm{a}} / t_{\mathrm{a}} / 1000 \tag{7.6e}$$

4) Dai 模型

基于相同试件，Dai 等[204]提出了另一个界面黏结-滑移本构关系，表达式为

$$\tau = 2BG_{\mathrm{f}} \left(\mathrm{e}^{-Bs} - \mathrm{e}^{-2Bs} \right) \tag{7.7a}$$

$$B = 6.846 (E_{\mathrm{f}} t_{\mathrm{f}})^{0.108} (G_{\mathrm{a}} / t_{\mathrm{a}} / 1000)^{0.833} \tag{7.7b}$$

$$G_{\mathrm{f}} = 0.446 (E_{\mathrm{f}} t_{\mathrm{f}})^{0.023} (G_{\mathrm{a}} / t_{\mathrm{a}} / 1000)^{0.352} f_{\mathrm{c}}^{0.236} \tag{7.7c}$$

5) 陆新征模型

陆新征[45]通过精细单元有限元模型分析，给出了界面黏结-滑移关系的精确模型，并提出了便于计算的简化模型。

(1) 精确模型：

$$\begin{cases} \tau = \tau_{\max} \left(\sqrt{\dfrac{s}{s_0 A} + B^2} - B \right), & s \leqslant s_0 \\[3mm] \tau = \tau_{\max} \mathrm{e}^{-\alpha \left(\frac{s}{s_0} - 1 \right)}, & s > s_0 \end{cases} \tag{7.8a}$$

$$A = (s_0 - s_{\mathrm{e}}) / s_0, \quad B = s_{\mathrm{e}} / \left[2(s_0 - s_{\mathrm{e}}) \right] \tag{7.8b}$$

$$\tau_{\max} = \alpha_1 \beta_{\mathrm{w}} f_{\mathrm{t}} \tag{7.8c}$$

$$s_0 = \alpha_2 \beta_{\mathrm{w}} f_{\mathrm{t}} + s_{\mathrm{e}} \tag{7.8d}$$

$$s_{\mathrm{e}} = \tau_{\max} / K_0 \tag{7.8e}$$

式中，α_1、α_2 为系数；s_{e} 为界面总滑移量 s_0 中的弹性部分；β_{w} 为 FRP–混凝土宽度系数；K_0 为黏结–滑移关系的初始刚度。

(2) 简化模型：

$$\begin{cases} \tau = \tau_{\max} \dfrac{s}{s_0}, & s \leqslant s_0 \\[2mm] \tau = \tau_{\max} \dfrac{s_{\mathrm{f}} - s}{s_{\mathrm{f}} - s_0}, & s_0 < s \leqslant s_{\mathrm{f}} \\[2mm] \tau = 0, & s > s_{\mathrm{f}} \end{cases} \tag{7.8f}$$

式中，$s_{\mathrm{f}} = 2G_{\mathrm{f}} / \tau_{\max}$，$G_{\mathrm{f}}$ 为界面断裂能。

6) 曹双寅等模型

曹双寅等[44]采用双剪试验，并结合电子散斑干涉技术(ESPI)对 FRP–混凝土结合面的变形场进行测试，提出了界面黏结–滑移关系基本模型。

$$\tau = \begin{cases} \tau_{\mathrm{u}} \dfrac{k}{\alpha} \left[\dfrac{1+\alpha}{\alpha} \ln\left(1 + \alpha \dfrac{\delta}{\delta_0}\right) - \dfrac{\delta}{\delta_0} \right], & \delta \leqslant \delta_1 \\[3mm] \tau_1 - \tau_{\mathrm{u}} k_1 \left(\dfrac{\delta}{\delta_0} - \dfrac{\delta}{\delta_1} \right), & \delta_{\mathrm{u}} \geqslant \delta > \delta_1 \end{cases} \tag{7.9a}$$

$$\tau_{\mathrm{u}} = 1.64 \sqrt[4]{f_{\mathrm{cu}}} \tag{7.9b}$$

$$k = G_{\mathrm{a}} \delta_0 / t_{\mathrm{a}} \tau_{\mathrm{u}} \tag{7.9c}$$

7) Popovics 模型

Popovics 模型[205]用来描述混凝土应力–应变关系，表达形式为

$$\frac{\tau}{\tau_{\max}} = \frac{s}{s_0} \frac{n}{(n-1) + \left(\dfrac{s}{s_0} \right)^n} \tag{7.10a}$$

有研究者以该模型为基础，通过试验研究得到了 FRP–混凝土界面黏结–滑移模型的函数表达式，具体如下。

(1) Nakaba 等模型[206]：

$$\tau = \tau_{\max} \left[\frac{s}{s_0} \frac{3}{2 + (s / s_0)^3} \right] \tag{7.10b}$$

式中，$\tau_{\max} = 3.5 f_{\mathrm{c}}^{0.19}$；$s_0 = 0.065\mathrm{mm}$。

(2) Savioa 等模型[207]:

$$\tau = \tau_{\max}\left[\frac{s}{s_0}\frac{2.86}{1.86+(s/s_0)^{2.86}}\right] \tag{7.10c}$$

式中，$\tau_{\max}=3.5f_c^{0.19}$；$s_0=0.051\text{mm}$。

　　通过与本章 7.1 节由试验获得的黏结-滑移曲线的对比分析可知，Popovics 模型函数描述界面黏结-滑移关系的曲线在形式上与试验获得的黏结-滑移曲线更为接近。同时 Popovics 模型函数中的参数 n 代表了界面的延性特征，n 越小界面的延性越好，故该模型可以通过改变 n 值来反映界面延性的变化。通过对 7.1 节不同工况下黏结-滑移曲线的分析发现，随着硫酸盐侵蚀时间的增加，界面黏结-滑移曲线不断向中间靠拢，说明界面延性变差，Popovics 模型可以通过改变界面延性参数 n 来描述界面延性随硫酸盐侵蚀时间的退化关系。

　　通过对上述几种黏结-滑移关系模型的分析可以看出，不论是采用哪种类型的黏结-滑移关系模型，要准确得获得黏结-滑移曲线必须先得到两个重要的曲线特征参数，即界面应力峰值 $\tau_{\max}$ 和对应的滑移量 s_0，因此，探讨硫酸盐侵蚀下特征参数的变化规律是研究 CFRP-混凝土界面黏结-滑移关系模型的前提。

7.3　硫酸盐环境下界面黏结-滑移模型

　　由 7.2 节的分析可知，试验曲线形状与 Popovics 模型的曲线形状最为接近。因此，本章基于 Popovics 模型，建立考虑硫酸盐侵蚀影响的 CFRP-混凝土界面黏结-滑移模型，但该曲线方程中表示界面延性的参数 n、界面应力峰值 $\tau_{\max}$ 及其对应的滑移量 s_0 均随硫酸盐侵蚀时间变化，为了准确表达硫酸盐侵蚀时间对界面黏结性能的影响，以时间 T 的函数 $n(T)$、$\tau_{\max}(T)$ 和 $s_0(T)$ 替代界面延性的参数 n、界面应力峰值 $\tau_{\max}$ 及其对应的滑移量 s_0，得到考虑硫酸盐侵蚀作用影响的 CFRP-混凝土界面黏结-滑移方程：

$$\tau = \frac{\tau_{\max}(T)}{s_0(T)}\cdot\frac{n(T)}{[n(T)-1]+\left[\dfrac{s}{s_0(T)}\right]^{n(T)}}\cdot s \tag{7.11}$$

　　其中，可通过界面黏结-滑移特征值分别求得硫酸盐持续浸泡作用、硫酸盐干湿循环作用和硫酸盐冻融循环作用以及不同应力水平下界面应力峰值 $\tau_{\max}(T)$ 及其对应的滑移量 $s_0(T)$。

1) 界面特征参数

通过对 CFRP-混凝土界面黏结-滑移曲线的分析发现，曲线有两个主要控制参数：界面应力峰值 τ_{max} 和相应的滑移量 s_0，因此，探讨硫酸盐侵蚀下特征参数的变化规律是研究界面黏结-滑移模型的前提。

从图 7.2～图 7.11 中可以看出，硫酸盐侵蚀对界面黏结-滑移曲线的特征值有明显的影响，在硫酸盐侵蚀前期，界面应力峰值和相应的滑移量保持不变或有小幅增加；到达一定时间后，界面特征值均随硫酸盐侵蚀时间的延长而减小，且在侵蚀后期，特征值随侵蚀时间的下降速率明显加快。从图 7.4～图 7.11 可以看出，界面应力峰值 τ_{max} 和相应的滑移量 s_0 随硫酸盐侵蚀时间的变化趋势基本一致，因此，可以通过一个统一的函数 $H_i(i=1,2)$ 对界面特征值 τ_{max} 和 s_0 进行拟合，拟合函数的表达式如下：

$$H_i(T) = \gamma_i(T)H_i(0), \quad i=1,2 \tag{7.12}$$

$$\gamma_i(T) = e^{A_i + B_i T + C_i T^2}, \quad i=1,2 \tag{7.13}$$

式中，$H_i(T)$ $(i=1,2)$ 分别为 $\tau_{max}(T)$ 和 $s_0(T)$；$H_i(0)$ $(i=1,2)$ 分别为 $\tau_{max}(0)$ 和 $s_0(0)$；$\gamma_i(T)$ 为硫酸盐环境下黏结-滑移综合影响系数；A_i、B_i 和 C_i 都是由两个特征值的试验数据拟合得到的常系数。

2) 室温环境下界面特征值

许多研究表明，界面峰值剪应力与混凝土强度存在一定的函数关系[203,206-207]，通过对室温下不同水胶比的试件的界面峰值剪应力拟合，可得到峰值剪应力的计算公式：

$$\tau_{max} = 0.26 f_c^{0.22} \tag{7.14}$$

式中，f_c 为混凝土抗压强度。

不同黏结长度下试件界面剪应力峰值 τ_{max} 如图 7.16 所示，可以看出黏结长度为 60mm、80mm 的试件界面峰值剪应力较小，黏结长度大于 120mm 后界面峰值剪应力变化不大，原因在于黏结长度为 60mm、80mm 的试件黏结长度小于或接近有效黏结长度，当 CFRP 黏结长度小于有效黏结长度时界面传递的应力较小，当黏结长度等于或略大于有效黏结长度时，最大剪应力出现在加载端附近，而通过应变计算界面剪应力时，距离加载端存在一定的距离，使得计算出的剪应力小于最大剪应力。因此可以认为黏结长度大于有效黏结长度，界面峰值剪应力不随黏结长度的增加而改变。

通过对试验结果的分析得到，在 CFRP 片材及黏结树脂参数不变的情况下峰值剪应力对应的滑移量可看作是一个定值，水胶比、粉煤灰掺量、CFRP 黏结长度对峰值剪应力对应的滑移量 s_0 的影响小，在室温环境下，取 $s_0 = 0.058$mm。

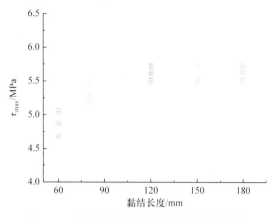

图 7.16 界面峰值剪应力随黏结长度的变化

7.3.1 硫酸盐持续浸泡作用下界面黏结-滑移模型

1. 硫酸盐持续浸泡作用下界面特征值

从 7.1 节的黏结-滑移曲线可以看出，CFRP-混凝土界面特征值 τ_{max} 和 s_0 与混凝土的水胶比、粉煤灰掺量大小及硫酸盐溶液的浓度都有密切的关系。因此，在采用式(7.12)对界面特征值进行计算时必须对硫酸盐环境下黏结-滑移综合影响系数进行修正，在此引入水胶比修正系数 $k_{W,i}(i=1,2)$、粉煤灰掺量修正系数 $k_{F,i}(i=1,2)$ 和硫酸盐浓度修正系数 $k_{C,i}(i=1,2)$，代入式(7.13)得

$$\gamma_i(T) = k_{W,i} k_{F,i} k_{C,i} e^{A_i + B_i T + C_i T^2}, \quad i=1,2 \tag{7.15}$$

CFRP-混凝土界面会随硫酸盐持续浸泡时间的增加界面黏结性能出现退化，在此取水胶比为 0.53，CFRP 黏结长度为 180mm，未掺粉煤灰的试件来探讨侵蚀时间对界面特征值的影响。为了消除由混凝土的不均质性导致的试验结果离散性较大的问题，对不同侵蚀时间得到的界面特征值以室温下试件的平均值做归一化处理，即可得到界面特征值随侵蚀时间的变化趋势，如图 7.17 所示。采用式(7.13)对图中数据进行拟合可得到硫酸盐持续浸泡作用下黏结-滑移综合影响系数的表达式：

$$\gamma_{\tau_{max}}(T) = e^{0.00836 - 4.285 \times 10^{-5} T - 3.595 \times 10^{-6} T^2} \tag{7.16}$$

$$\gamma_{s_0}(T) = e^{-0.0142 + 2.404 \times 10^{-4} T - 3.811 \times 10^{-6} T^2} \tag{7.17}$$

1) 水胶比对特征值的影响

硫酸盐浓度为 10%，CFRP 黏结长度为 180mm，未掺粉煤灰，水胶比分别为 0.53、0.44、0.35 时，界面特征值随硫酸盐持续浸泡时间的变化如图 7.17～图 7.19 所示。同样采用式(7.12)和式(7.13)对图中数据进行拟合(取 $k_F = 1$、$k_C = 1$)，可得到水胶比修正系数 k_W 随侵蚀时间 T 的变化关系。水胶比修正系数 k_W 的表达式为

$$k_{W,\tau_{\max}} = 1 + \frac{0.86T}{360}\left(0.53 - W\right)^{1.02} \tag{7.18}$$

$$k_{W,s_0} = 1 + \frac{0.33T}{360}\left(0.53 - W\right)^{0.83} \tag{7.19}$$

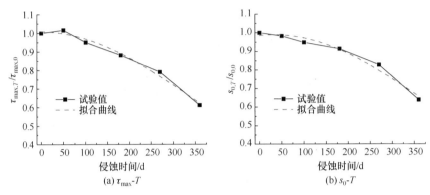

图 7.17　界面特征值与硫酸盐持续浸泡时间的关系曲线

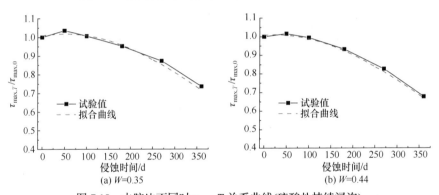

图 7.18　水胶比不同时 $\tau_{\max}$-T 关系曲线(硫酸盐持续浸泡)

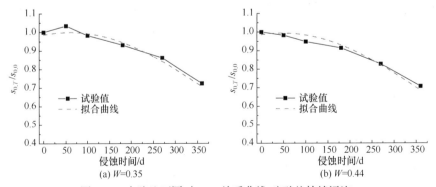

图 7.19　水胶比不同时 s_0-T 关系曲线(硫酸盐持续浸泡)

2) 粉煤灰掺量对特征值的影响

硫酸盐浓度为 10%，CFRP 黏结长度为 180mm，水胶比为 0.53，粉煤灰掺量分别为 10%、15%、20%、25%时，界面特征值随硫酸盐持续浸泡时间的变化如图 7.20 和图 7.21 所示。采用式(7.12)和式(7.13)对图中数据进行拟合(取 $k_W=1$、$k_C=1$)，可得到粉煤灰掺量修正系数 k_F 随侵蚀时间 T 的变化关系。粉煤灰掺量修正系数 k_F 的表达式为

$$k_{F,\tau_{\max}} = 1 + \frac{0.69T}{360}F^{1.26} \tag{7.20}$$

$$k_{F,s_0} = 1 + \frac{0.58T}{360}F^{1.29} \tag{7.21}$$

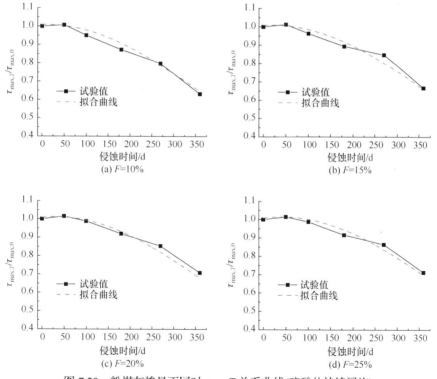

图 7.20　粉煤灰掺量不同时 $\tau_{\max}$-T 关系曲线(硫酸盐持续浸泡)

3) 硫酸盐浓度对特征值的影响

CFRP 黏结长度为 180mm，水胶比为 0.53，未掺粉煤灰，硫酸盐浓度为 5%时的界面特征值随硫酸盐持续浸泡时间的变化如图 7.22 和图 7.23 所示[硫酸盐浓度为 10%时的变化见图 7.17(a)和图 7.17(b)]。采用式(7.12)和式(7.13)对数据进行拟合(取 $k_W=1$、$k_F=1$)，可得到硫酸盐浓度修正系数 k_C 随侵蚀时间 T 的变化关系。

硫酸盐浓度修正系数 k_C 的表达式为

$$k_{C,\tau_{max}} = 1 + \frac{1.24T}{360}(0.1-C)^{0.91} \tag{7.22}$$

$$k_{C,s_0} = 1 + \frac{1.18T}{360}(0.1-C)^{0.94} \tag{7.23}$$

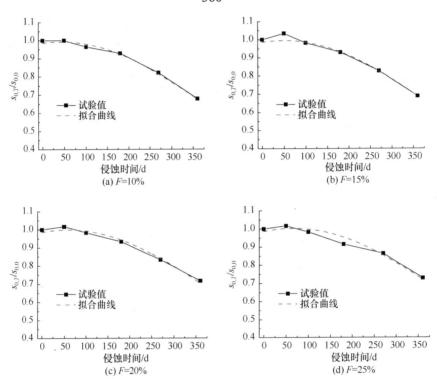

图 7.21　粉煤灰掺量不同时 s_0-T 关系曲线(硫酸盐持续浸泡)

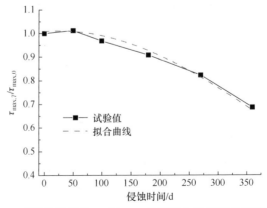

图 7.22　硫酸盐浓度为 5%时 τ_{max}-T 关系曲线(硫酸盐持续浸泡)

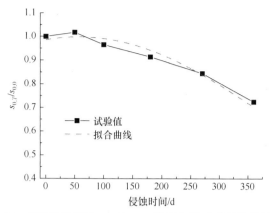

图 7.23　硫酸盐浓度为 5% 时 s_0-T 关系曲线(硫酸盐持续浸泡)

4) 硫酸盐持续浸泡作用下界面特征值计算公式

把式(7.15)～式(7.23)代入式(7.12)可得到对混凝土水胶比、粉煤灰掺量和硫酸盐浓度修正后的界面特征值的计算公式:

$$
\begin{aligned}
\tau_{\max,T} &= \gamma_{\tau_{\max}}\left(T\right)\tau_{\max,0} \\
&= k_{W,\tau_{\max}}k_{F,\tau_{\max}}k_{C,\tau_{\max}}\left(e^{0.00836-4.285\times10^{-5}T-3.595\times10^{-6}T^2}\right)\left(0.26f_c^{0.22}\right) \\
&= \left[1+\frac{0.86T}{360}\left(0.53-W\right)^{1.02}\right]\left[1+\frac{0.69T}{360}F^{1.26}\right]\left[1+\frac{1.24T}{360}\left(0.1-C\right)^{0.91}\right] \\
&\quad \left(e^{0.00836-4.285\times10^{-5}T-3.595\times10^{-6}T^2}\right)\left(0.26f_c^{0.22}\right)
\end{aligned}
$$

(7.24)

$$
\begin{aligned}
s_{0,T} &= \gamma_{s_0}\left(T\right)s_{0,0} \\
&= 0.058k_{W,s_0}k_{F,s_0}k_{C,s_0}e^{-0.0142+2.404\times10^{-4}T-3.811\times10^{-6}T^2} \\
&= 0.058\left[1+\frac{0.33T}{360}\left(0.53-W\right)^{0.83}\right]\left(1+\frac{0.58T}{360}F^{1.29}\right) \\
&\quad \left[1+\frac{1.18T}{360}\left(0.1-C\right)^{0.94}\right]e^{-0.0142+2.404\times10^{-4}T-3.811\times10^{-6}T^2}
\end{aligned}
$$

(7.25)

2. 界面黏结-滑移模型

将试验得到的界面应力 τ 及其对应的滑移量 s 分别以界面应力峰值 $\tau_{\max}$ 及其对应的滑移量 s_0 为基础值做归一化处理后,按照式(7.11)进行拟合,可得到在不同侵蚀时间下界面黏结-滑移曲线。图 7.24 是硫酸盐浓度为 10%,水胶比为 0.53,未掺粉煤灰及 CFRP 黏结长度为 180mm 的试件在不同侵蚀时间下拟合得到的黏结-滑移曲线。从曲线的形状来看，不同硫酸盐浸泡作用时间对应的曲线在上升阶段比较接近，但在下降段，拟合曲线的离散性变大。在硫酸盐持续浸泡前期，下降段曲线基本重合，界面延性参数也较为接近；随着浸泡时间的延长，曲线逐渐向内收拢，界面延性参数逐渐变大；当硫酸盐浸泡时间达到 360 天后，不同工况下界面延性参数相对于未受硫酸盐腐蚀的试件均有所增大。界面延性参数随硫酸盐持续浸泡时间的增加而增大，说明硫酸盐持续浸泡作用使 CFRP-混凝土界面的延性变差。

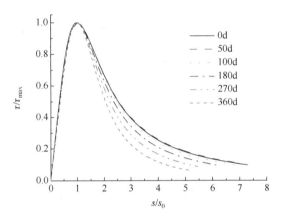

图 7.24　黏结-滑移拟合曲线(硫酸盐持续浸泡)

在此取水胶比为 0.53，未掺粉煤灰，CFRP 黏结长度为 180mm 的试件探讨侵蚀时间对界面延性参数的影响，未受硫酸盐侵蚀时界面延性参数为 2.67。为了消除由混凝土的不均质性带来的试验结果离散性较大的问题，对不同侵蚀时间得到的界面延性参数以室温下试件的平均值做归一化处理，即可得到不同侵蚀时间下界面延性参数(n_T)与未受侵蚀时界面延性(n_0)参数的比值随侵蚀时间的变化趋势，如图 7.25 所示，并对界面延性参数比值与硫酸盐侵蚀时间 T 的关系进行拟合，得到硫酸盐持续浸泡作用影响系数的表达式：

$$\gamma_n(T) = e^{-8.38\times10^{-3}+1.048\times10^{-4}T+1.696\times10^{-6}T^2} \tag{7.26}$$

因此，不同硫酸盐持续浸泡作用时间下界面延性参数 $n(T)$ 的表达式为

$$n(T) = \gamma_n(T)n_0 = n_0 e^{-8.38\times10^{-3}+1.048\times10^{-4}T+1.696\times10^{-6}T^2} \tag{7.27}$$

混凝土的水胶比、粉煤灰掺量及硫酸盐溶液的浓度均对界面延性参数有一定的影响，直接采用式(7.27)计算不同工况下界面的延性参数，将会造成较大误差。因此，采用式(7.27)对界面延性参数进行计算时必须对其进行修正，同样在此引入水胶比修正系数 $k_{W,i}(i=1,2)$、粉煤灰掺量修正系数 $k_{F,i}(i=1,2)$ 和硫酸盐浓度修正系数 $k_{C,i}(i=1,2)$，代入式(7.26)得

$$\gamma_n(T) = k_{W,n}k_{F,n}k_{C,n}e^{-8.38\times10^{-3}+1.048\times10^{-4}T+1.696\times10^{-6}T^2} \tag{7.28}$$

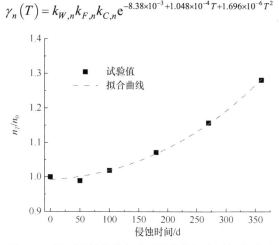

图 7.25　界面延性参数与硫酸盐持续浸泡时间的关系

1) 水胶比对界面延性参数的影响

硫酸盐浓度为 10%，CFRP 黏结长度为 180mm，未掺粉煤灰，水胶比分别为 0.53、0.44、0.35 时，界面延性参数比值随侵蚀时间的变化如图 7.25 和图 7.26 所示。采用式(7.28)对图中数据进行拟合(取 $k_{F,n}=1$、$k_{C,n}=1$)，可得到水胶比修正系数 $k_{W,n}$ 随侵蚀时间 T 的变化关系。水胶比修正系数 $k_{W,n}$ 的表达式为

$$k_{W,n} = 1 - \frac{0.165T}{360}(0.53-W)^{0.818} \tag{7.29}$$

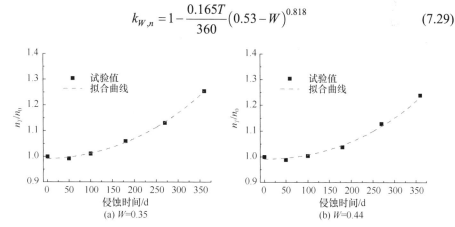

图 7.26　水胶比不同时界面延性参数比值随侵蚀时间的变化曲线(硫酸盐持续浸泡)

2) 粉煤灰掺量对界面延性参数的影响

硫酸盐浓度为 10%，CFRP 黏结长度为 180mm，水胶比为 0.53，粉煤灰掺量分别为 10%、15%、20%、25%时，试件的界面延性参数比值随侵蚀时间的变化如

图 7.27 所示。采用式(7.28)图中数据进行拟合(取 $k_{W,n}=1$、$k_{C,n}=1$),可得到粉煤灰掺量修正系数 $k_{F,n}$ 随侵蚀时间 T 的变化关系。粉煤灰掺量修正系数 $k_{F,n}$ 的表达式为

$$k_{F,n}=1-\frac{0.62T}{360}F^{1.86} \tag{7.30}$$

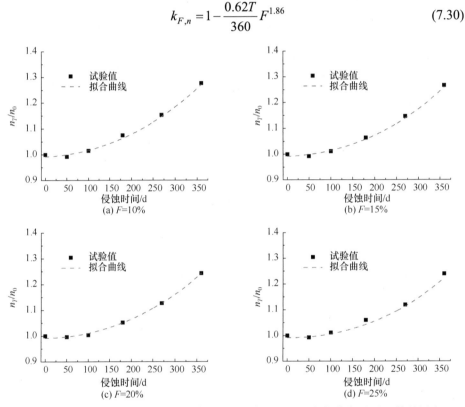

图 7.27　粉煤灰掺量不同时界面延性参数比值随侵蚀时间的变化曲线(硫酸盐持续浸泡)

3) 硫酸盐浓度对界面延性参数的影响

CFRP 黏结长度为 180mm,水胶比为 0.53,未掺粉煤灰,在硫酸盐浓度为 5%时,界面延性参数比值随侵蚀时间的变化如图 7.28 所示(硫酸盐浓度为 10%时的变化见图 7.25)。采用式(7.28)对图中数据进行拟合(取 $k_{W,n}=1$、$k_{F,n}=1$),可得到硫酸盐浓度修正系数 $k_{C,n}$ 随侵蚀时间 T 的变化关系。硫酸盐浓度修正系数 $k_{C,n}$ 的表达式为

$$k_{C,n}=1-\frac{0.515T}{360}\left(0.1-C\right)^{1.143} \tag{7.31}$$

4) 多因素影响下界面延性参数的函数表达式

把式(7.28)～式(7.31)代入式(7.27)可得到对混凝土水胶比、粉煤灰掺量和硫酸盐浓度修正后的界面延性参数的函数表达式:

$$n_T = \gamma_n(T) n_0 = k_{W,n} k_{F,n} k_{C,n} e^{-8.38 \times 10^{-3} + 1.048 \times 10^{-4} T + 1.696 \times 10^{-6} T^2} n_0$$
$$= \left(1 - \frac{0.165T}{360}(0.53 - W)^{0.818}\right)\left(1 - \frac{0.62T}{360} F^{1.86}\right) \tag{7.32}$$
$$\left(1 - \frac{0.515T}{360}(0.1 - C)^{1.143}\right) e^{-8.38 \times 10^{-3} + 1.048 \times 10^{-4} T + 1.696 \times 10^{-6} T^2} n_0$$

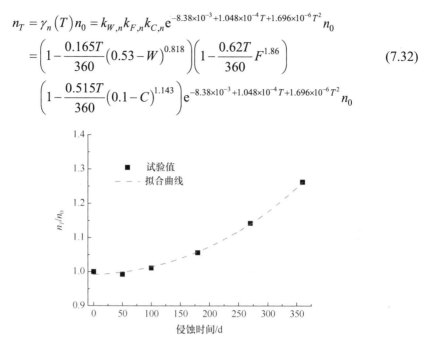

图 7.28　硫酸盐浓度为 5%时界面延性参数比值随侵蚀时间的变化曲线(硫酸盐持续浸泡)

5) 预测模型结果与试验结果的对比

把式(7.32)、式(7.24)和式(7.25)求得的 $n(T)$、$\tau_{\max}(T)$ 和 $s_0(T)$ 代入式(7.11)可得到考虑硫酸盐持续浸泡作用的 CFRP-混凝土界面黏结-滑移模型,由预测模型计算及试验获得的界面黏结-滑移曲线如图 7.29 所示。由图可知,预测模型的计算值与试验值在曲线的上升段吻合较好,而在曲线的下降段离散性较大,特别是在下降段的末尾,试验值均大于计算值。原因是计算模型中未考虑黏结长度超过有效黏结长度时对界面极限承载力的增大作用,而试验中 CFRP 剥离以后在剥离面处还存在一定的摩擦力和咬合力,使得试验值大于模型预测值。

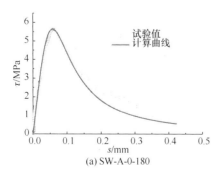

(a) SW-A-0-180

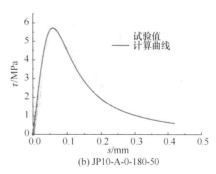

(b) JP10-A-0-180-50

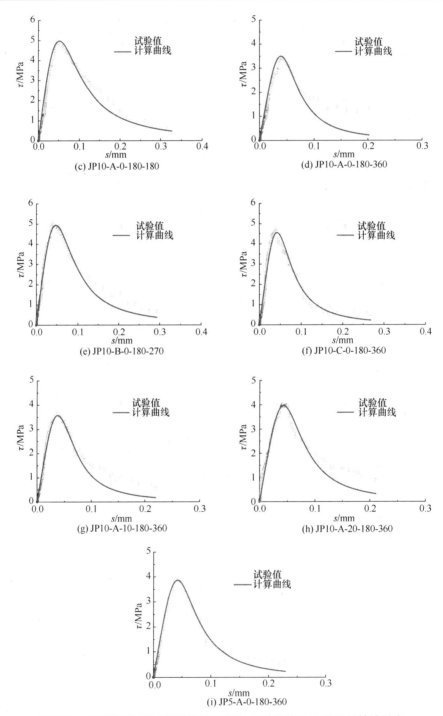

图 7.29　预测模型与试验得到的界面黏结-滑移曲线对比(硫酸盐持续浸泡)

7.3.2　硫酸盐干湿循环作用下界面黏结-滑移模型

1. 硫酸盐干湿循环作用下界面特征值

CFRP-混凝土界面黏结性能会随硫酸盐干湿循环作用时间的增加而出现退化，在此取水胶比为 0.53，CFRP 黏结长度为 180mm，未掺粉煤灰的试件探讨侵蚀时间对界面特征值的影响。为了消除由混凝土的不均质性带来的试验结果离散性较大的问题，同样对不同侵蚀时间得到的界面特征值以室温下试件的平均值做归一化处理，即可得界面特征值随侵蚀时间的变化趋势，如图 7.30 所示。采用式(7.12)和式(7.13)对图中数据进行拟合可得到硫酸盐干湿循环作用下黏结-滑移综合影响系数的表达式：

$$\gamma_{\tau_{\max}}\left(T\right)=e^{0.00396+1.05\times10^{-3}T-3.491\times10^{-5}T^2} \tag{7.33}$$

$$\gamma_{s_0}\left(T\right)=e^{8.23\times10^{-4}+1.42\times10^{-3}T-3.322\times10^{-5}T^2} \tag{7.34}$$

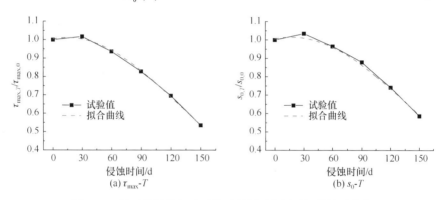

图 7.30　界面特征值与硫酸盐干湿循环作用时间的关系曲线

1) 水胶比对特征值的影响

硫酸盐浓度为 10%，CFRP 黏结长度为 180mm，未掺粉煤灰，水胶比分别为 0.53、0.35、0.44 时，界面特征值随侵蚀时间的变化如图 7.30～图 7.32 所示。同样采用式(7.12)和式(7.13)对图中数据进行拟合(取 $k_F=1$、$k_C=1$)，可得到水胶比修正系数 k_W 随侵蚀时间 T 的变化关系。水胶比修正系数的表达式为

$$k_{W,\tau_{\max}}=1+\frac{0.605T}{150}\left(0.53-W\right)^{1.17} \tag{7.35}$$

$$k_{W,s_0}=1+\frac{0.81T}{150}\left(0.53-W\right)^{1.03} \tag{7.36}$$

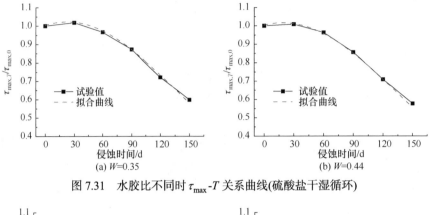

图 7.31 水胶比不同时 $\tau_{\max}$-T 关系曲线(硫酸盐干湿循环)

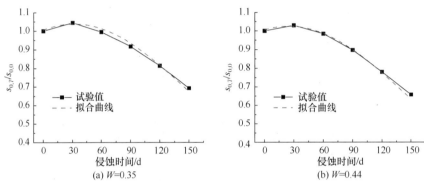

图 7.32 水胶比不同时 s_0-T 关系曲线(硫酸盐干湿循环)

2) 粉煤灰掺量对特征值的影响

硫酸盐浓度为 10%，CFRP 黏结长度为 180mm，水胶比为 0.53，粉煤灰掺量分别为 10%、15%、20%、25%时，界面特征值随侵蚀时间的变化如图 7.33 和图 7.34 所示。采用式(7.12)和式(7.13)对图中数据进行拟合(取 $k_W=1$、$k_C=1$)，可得到粉煤灰掺量修正系数 k_F 随侵蚀时间 T 的变化关系。粉煤灰掺量修正系数的表达式为

$$k_{F,\tau_{\max}}=1+\frac{\left(T+0.018T^2\right)}{150}F^{1.95} \tag{7.37}$$

$$k_{F,s_0}=1+\frac{\left(T+0.015T^2\right)}{150}F^{2.2} \tag{7.38}$$

3) 硫酸盐浓度对特征值的影响

CFRP 黏结长度为 180mm，水胶比为 0.53，未掺粉煤灰，在硫酸盐浓度为 5%时的界面特征值随侵蚀时间的变化如图 7.35 和图 7.36 所示(硫酸盐浓度为 10%时的变化见图 7.30)。采用式(7.12)和式(7.13)对图中数据进行拟合(取 $k_W=1$、$k_F=1$)，可得到硫酸盐浓度修正系数 k_C 随侵蚀时间 T 的变化关系。硫酸盐浓度修正系数的

表达式为

$$k_{C,\tau_{\max}} = 1 + \frac{\left(0.16T^2 - 2.08T\right)}{150}\left(0.1 - C\right)^{1.49} \tag{7.39}$$

$$k_{C,s_0} = 1 + \frac{\left(0.2T^2 - 8.88T\right)}{150}\left(0.1 - C\right)^{1.47} \tag{7.40}$$

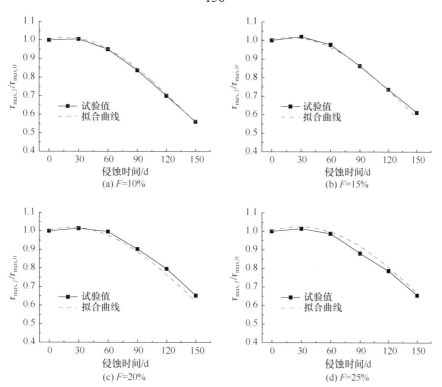

图 7.33　粉煤灰掺量不同时 $\tau_{\max}$-T 关系曲线(硫酸盐干湿循环)

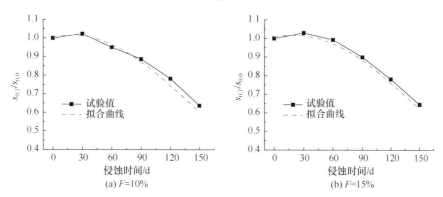

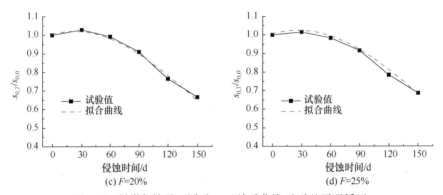

图 7.34　粉煤灰掺量不同时 s_0-T 关系曲线(硫酸盐干湿循环)

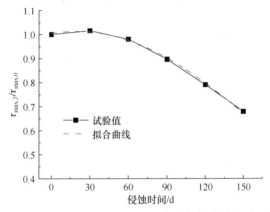

图 7.35　硫酸盐浓度为 5%时 τ_{max}-T 关系曲线(硫酸盐干湿循环)

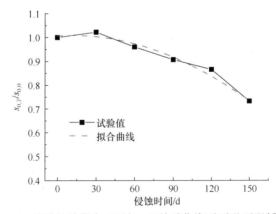

图 7.36　硫酸盐浓度为 5%时 s_0-T 关系曲线(硫酸盐干湿循环)

4) 硫酸盐干湿循环作用下界面特征值计算公式

把式(7.13)和式(7.33)～式(7.40)代入式(7.12)可得到经过对混凝土水胶比、粉

煤灰掺量和硫酸盐浓度修正后的界面特征值的计算公式:

$$\tau_{\max,T} = \gamma_{\tau_{\max}}(T)\tau_{\max,0}$$

$$= k_{W,\tau_{\max}} k_{F,\tau_{\max}} k_{C,\tau_{\max}} \left(e^{0.00396+1.05\times10^{-3}T-3.491\times10^{-5}T^2}\right)\left(0.26f_c^{0.22}\right)$$

$$= \left[1+\frac{0.605T}{150}(0.53-W)^{1.17}\right]\left[1+\frac{\left(T+0.018T^2\right)}{150}F^{1.95}\right]$$

$$\left[1+\frac{\left(0.16T^2-2.08T\right)}{150}(0.1-C)^{1.49}\right]\left(e^{0.00396+1.05\times10^{-3}T-3.491\times10^{-5}T^2}\right)\left(0.26f_c^{0.22}\right)$$

$$(7.41)$$

$$s_{0,T} = \gamma_{s_0}(T)s_{0,0}$$

$$= 0.058 k_{W,s_0} k_{F,s_0} k_{C,s_0} e^{8.23\times10^{-4}+1.42\times10^{-3}T-3.322\times10^{-5}T^2}$$

$$= 0.058\left[1+\frac{0.81T}{150}(0.53-W)^{1.03}\right]\left[1+\frac{\left(T+0.015T^2\right)}{150}F^{2.2}\right] \quad (7.42)$$

$$\left[1+\frac{\left(0.2T^2-8.88T\right)}{150}(0.1-C)^{1.47}\right]e^{8.23\times10^{-4}+1.42\times10^{-3}T-3.322\times10^{-5}T^2}$$

2. 硫酸盐干湿循环作用下界面黏结-滑移模型

同样对试验得到的界面应力 τ 及其对应的滑移量 s 分别以界面剪应力峰值 $\tau_{\max}$ 及其对应的滑移量 s_0 为基础值做归一化处理后,按照式(7.11)进行拟合,可得到在硫酸盐干湿循环作用下,不同侵蚀时间时界面黏结-滑移曲线。硫酸盐浓度为 10%,水胶比为 0.53,CFRP 黏结长度为 180mm,未掺粉煤灰的试件在不同侵蚀时间下拟合得到的黏结-滑移曲线见图 7.37。从曲线的形状来看,与硫酸盐持续

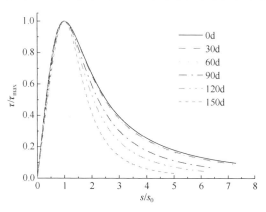

图 7.37 黏结-滑移拟合曲线(硫酸盐干湿循环)

浸泡作用下曲线随侵蚀时间的变化规律基本一致，不同硫酸盐干湿循环作用时间对应的曲线在上升阶段比较接近，但在下降段，拟合曲线的离散性变大。硫酸盐干湿循环前期，下降段曲线基本重合，界面延性参数较为接近；随着干湿循环作用时间的延长，曲线逐渐向内收拢，界面延性参数逐渐变大。界面延性参数随硫酸盐干湿循环作用时间的增加而增大，说明硫酸盐干湿循环作用使 CFRP-混凝土界面的延性变差。

在此取水胶比为 0.53，未掺粉煤灰，CFRP 黏结长度为 180mm 的试件探讨硫酸盐干湿循环作用时间对界面延性参数的影响，未受硫酸盐侵蚀时界面延性参数为 2.67。为了消除由混凝土的不均质性带来的试验结果离散性较大的问题，同样把不同侵蚀时间得到的界面延性参数以室温下试件的平均值做归一化处理，即可得到界面延性参数比值随侵蚀时间的变化趋势，如图 7.38 所示，并对界面延性参数比值与硫酸盐干湿循环作用时间 T 的关系进行拟合，得到硫酸盐干湿循环作用影响系数的表达式：

$$\gamma_n(T) = e^{4.39 \times 10^{-3} - 8.05 \times 10^{-4} T + 2.33 \times 10^{-5} T^2} \tag{7.43}$$

因此，不同硫酸盐干湿循环作用时间下界面延性参数 $n(T)$ 的表达式为

$$n(T) = \gamma_n(T) n_0 = n_0 e^{4.39 \times 10^{-3} - 8.05 \times 10^{-4} T + 2.33 \times 10^{-5} T^2} \tag{7.44}$$

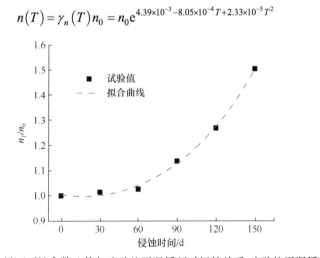

图 7.38　界面延性参数比值与硫酸盐干湿循环时间的关系(硫酸盐干湿循环)

混凝土的水胶比、粉煤灰掺量及硫酸盐溶液的浓度均对界面延性参数有一定的影响，直接采用式(7.44)计算不同工况下界面的延性参数，将会造成较大误差。因此，采用式(7.44)对界面延性参数进行计算时必须对其进行修正，同样在此引入水胶比修正系数 $k_{W,i}(i=1,2)$、粉煤灰掺量修正系数 $k_{F,i}(i=1,2)$ 和硫酸盐浓度修正系数 $k_{C,i}(i=1,2)$，代入式(7.43)得

$$\gamma_n(T) = k_{W,n}k_{F,n}k_{C,n}\mathrm{e}^{4.39\times10^{-3}-8.05\times10^{-4}T+2.33\times10^{-5}T^2} \tag{7.45}$$

1) 水胶比对界面延性参数的影响

硫酸盐浓度为 10%，CFRP 黏结长度为 180mm，未掺粉煤灰，水胶比分别为 0.53、0.35、0.44 时，界面延性参数比值随侵蚀时间的变化如图 7.38 和图 7.39 所示。采用式(7.45)对图中数据进行拟合(取 $k_{F,n}=1$、$k_{C,n}=1$)，可得到水胶比修正系数 $k_{W,n}$ 随侵蚀时间 T 的变化关系。水胶比修正系数 $k_{W,n}$ 的表达式为

$$k_{W,n} = 1 - \frac{1.21T}{360}(0.53-W)^{1.49} \tag{7.46}$$

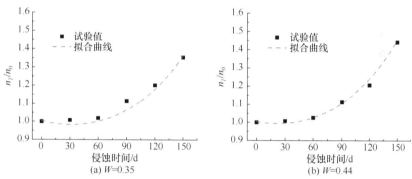

图 7.39　水胶比不同时界面延性参数比值随侵蚀时间的变化曲线(硫酸盐干湿循环)

2) 粉煤灰掺量对界面延性参数的影响

硫酸盐浓度为 10%，CFRP 黏结长度为 180mm，水胶比为 0.53，粉煤灰掺量分别为 10%、15%、20%、25%时，界面延性参数比值随侵蚀时间的变化曲线如图 7.40 所示。采用式(7.45)对图中数据进行拟合(取 $k_{W,n}=1$、$k_{C,n}=1$)，可得到粉煤灰掺量修正系数 $k_{F,n}$ 随侵蚀时间 T 的变化关系。粉煤灰掺量修正系数 $k_{F,n}$ 的表达式为

$$k_{F,n} = 1 - \frac{0.72T}{150}F^{1.33} \tag{7.47}$$

3) 硫酸盐浓度对界面延性参数的影响

CFRP 黏结长度为 180mm，水胶比为 0.53，未掺粉煤灰，在硫酸盐浓度为 5%时，界面延性参数比值随侵蚀时间的变化如图 7.41 所示(硫酸盐浓度为 10%时的变化见图 7.38)。采用式(7.45)对图中数据进行拟合(取 $k_{W,n}=1$、$k_{F,n}=1$)，可得到硫酸盐浓度修正系数 $k_{C,n}$ 随侵蚀时间 T 的变化关系。硫酸盐浓度修正系数 $k_{C,n}$ 的表达式为

$$k_{C,n} = 1 - \frac{0.34T}{150}(0.1 - C)^{0.59} \tag{7.48}$$

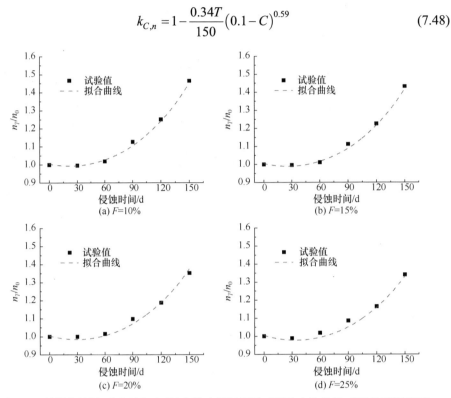

图 7.40　粉煤灰掺量不同时界面延性参数比值随侵蚀时间的变化曲线(硫酸盐干湿循环)

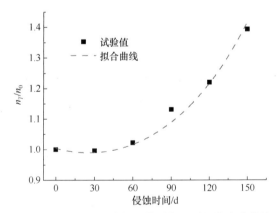

图 7.41　硫酸盐浓度为 5%时界面延性参数比值随侵蚀时间的变化曲线(硫酸盐干湿循环)

4) 多因素影响下界面延性参数的函数表达式

把式(7.45)～式(7.48)代入式(7.44)可得到对混凝土水胶比、粉煤灰掺量和硫酸盐浓度修正后的界面延性参数的函数表达式:

$$n_T = \gamma_n\left(T\right)n_0 = k_{W,n}k_{F,n}k_{C,n}\mathrm{e}^{4.39\times10^{-3}-8.05\times10^{-4}T+2.33\times10^{-5}T^2}n_0$$

$$= \left[1-\frac{1.21T}{360}\left(0.53-W\right)^{1.49}\right]\left(1-\frac{0.72T}{150}F^{1.33}\right) \quad (7.49)$$

$$\left(1-\frac{0.34T}{150}\left(0.1-C\right)^{0.59}\right)\mathrm{e}^{4.39\times10^{-3}-8.05\times10^{-4}T+2.33\times10^{-5}T^2}n_0$$

5) 预测模型结果与试验结果的对比

把式(7.49)、式(7.41)和式(7.42)求得的 $n(T)$ 、 $\tau_{\max}(T)$ 和 $s_0(T)$ 代入式(7.11)得到考虑硫酸盐干湿循环作用的 CFRP-混凝土界面黏结-滑移模型,由预测模型和试验获得的界面黏结-滑移曲线如图 7.42 所示。由图可知,预测模型的计算值与试验值在曲线的上升段吻合较好,而在曲线的下降段离散性较大,特别是在下降段的末尾,试验值均大于计算值,出现该现象的原因是计算模型中未考虑黏结长度超过有效黏结长度时对界面极限承载力的增大作用,而在试验中 CFRP 剥离以后在剥离面处还存在一定的摩擦力和咬合力,从而试验值大于模型预测值。

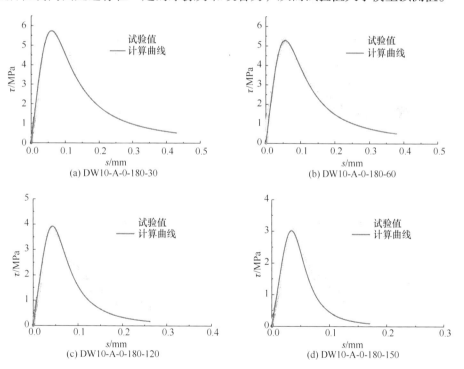

(a) DW10-A-0-180-30

(b) DW10-A-0-180-60

(c) DW10-A-0-180-120

(d) DW10-A-0-180-150

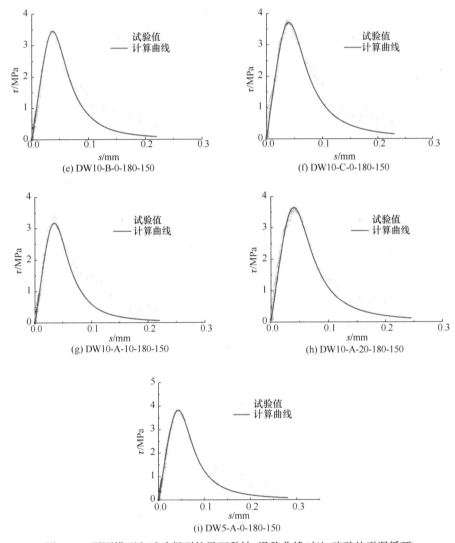

图 7.42　预测模型和试验得到的界面黏结-滑移曲线对比(硫酸盐干湿循环)

7.3.3　硫酸盐冻融循环作用下界面黏结-滑移模型

1. 硫酸盐冻融循环作用下界面特征值

1) 冻融循环次数对特征值的影响

由第 3 章相关内容可以看出，冻融循环次数对 CFRP-混凝土界面特征参数有较大的影响，CFRP-混凝土黏结界面的性能会随着硫酸盐冻融循环次数的增加而退化，在此取混凝土强度为 C30 的试件研究冻融循环次数对界面特征参数的影响。为了消除试件混凝土基层和胶层的不均匀性给实验结果造成的不利影响，把不同循环次数后各试件的界面参数实测值与室温环境下的试件界面特征参数实测值相比(即 $\tau_{\max,T}/\tau_{\max,0}$,其中 T=25、50、75、100,滑移量 s_0 处理方法相同),即可得到界面特征参数随冻融循环次数的变化趋势,如图 7.43 所示。采用式(7.13)对图中数据进行拟合,得到硫酸盐冻融循环侵蚀下黏结-滑移影响系数的表达式:

$$\gamma_{\tau_{\max}}(T) = \mathrm{e}^{-0.006-1.53\times10^{-3}T-9.19\times10^{-6}T^2} \tag{7.50}$$

$$\gamma_{s_0}(T) = \mathrm{e}^{-0.0094-2.58\times10^{-3}T-3.89\times10^{-5}T^2} \tag{7.51}$$

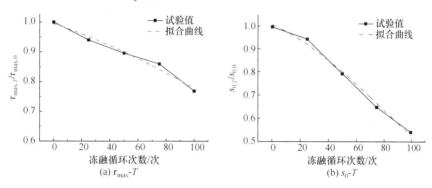

图 7.43 C30 界面特征参数与硫酸盐冻融循环次数的关系曲线

2) 硫酸盐冻融循环作用下界面特征值计算公式

把式(7.50)和式(7.51)代入式(7.12)中,即可得到经过混凝土强度修正后的界面特征参数表达式:

$$\begin{aligned}
\tau_{\max,T} &= \gamma_{\tau_{\max}}(T)\tau_{\max,0} \\
&= \left(\mathrm{e}^{-0.006-1.53\times10^{-3}T-9.19\times10^{-6}T^2}\right)\left(0.26f_\mathrm{c}^{0.22}\right)
\end{aligned} \tag{7.52}$$

$$\begin{aligned}
s_{0,T} &= \gamma_{s_0}(T)S_{0,0} \\
&= 0.058\left(\mathrm{e}^{-0.0094-2.58\times10^{-3}T-9.19\times10^{-5}T^2}\right)
\end{aligned} \tag{7.53}$$

2. 硫酸盐冻融循环作用下界面黏结-滑移模型

同样对试验得到的界面应力 τ 及其对应的滑移量 s 分别以界面剪应力峰值 $\tau_{\max}$ 及其对应的滑移量 s_0 为基础值做归一化处理后,按照式(7.11)进行拟合,可得到在硫酸盐冻融循环作用下,不同侵蚀时间界面黏结-滑移曲线。

1) 冻融循环次数对界面延性参数的影响

CFRP-混凝土的界面黏结-滑移关系曲线在上升段十分相似,但是下降段却有所不同,随着硫酸盐冻融循环次数的增加,下降段开始向内收拢,用 Popovics 模型对不同侵蚀次数的黏结-滑移关系曲线进行拟合发现,随着侵蚀次数的增加,界面的延性参数也逐渐增大。这说明,硫酸盐冻融循环侵蚀作用会使 CFRP-混凝土界面的延性变差。

CFRP-混凝土界面的延性参数与混凝土的强度有着很大的关系。取混凝土强度为 C30 的试件研究冻融循环次数对界面延性参数的影响,未受硫酸盐冻融循环侵蚀的试件界面延性参数为 2.555。为了消除试件混凝土基层和胶层的不均匀性给试验结果造成的不利影响,把不同侵蚀次数下各试件的界面延性参数实测值与未受侵蚀前的试件界面延性参数实测值相比(即 n_T / n_0,其中 T=25、50、75、100)即可得到界面延性参数比值随冻融循环次数的变化趋势,如图 7.44 所示,并将界面延性参数比值与硫酸盐冻融循环次数 T 的关系进行拟合,可得到硫酸盐冻融循环侵蚀下黏结-滑移影响系数 $\gamma_n(T)$ 的表达式:

$$\gamma_n(T) = e^{8.67 \times 10^{-4} + 7.07 \times 10^{-5} T + 2.17 \times 10^{-5} T^2} \tag{7.54}$$

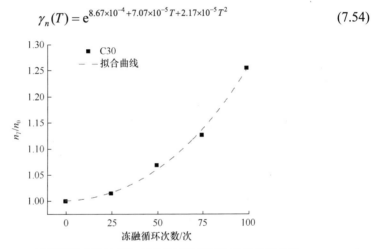

图 7.44　C30 界面延性参数比值与硫酸盐冻融循环次数的关系曲线

因此,不同硫酸盐冻融循环次数下界面延性参数 $n(T)$ 的表达式为

$$n(T) = \gamma_n(T) n_0 = e^{8.67 \times 10^{-4} + 7.07 \times 10^{-5} T + 2.17 \times 10^{-5} T^2} n_0 \tag{7.55}$$

2) 预测模型结果与试验结果的对比

把式(7.55)、式(7.52)和式(7.53)求得的 $n(T)$、$\tau_{\max}(T)$ 和 $S_0(T)$ 代入式(7.11)即可得考虑硫酸盐冻融循环作用下的 CFRP-混凝土界面黏结-滑移模型。将预测模型计算得到的曲线和试验实测值的曲线进行对比,结果如图 7.45 所示。

由图 7.45 中可以看出,各图像在上升段吻合比较好,而在下降段的离散性比较大,在下降段的中部,试验值均大于计算值。分析原因,计算模型中并未考虑黏结长度大于有效黏结长度部分对界面承载力的加成作用,且当剥离界面剥离后还存在一定的摩擦力,从而试验值大于模型计算值。

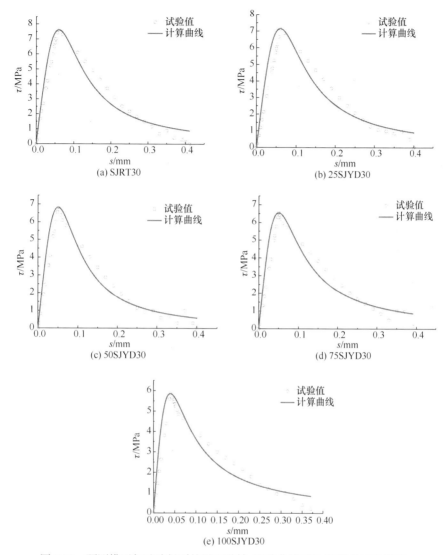

图 7.45　预测模型与试验得到的界面黏结-滑移曲线对比(硫酸盐冻融循环)

7.3.4　不同应力水平下界面黏结-滑移模型

1. 不同应力水平下界面特征值

CFRP-混凝土黏结界面的性能会随着硫酸盐干湿循环时间的增加而退化,在此取混凝土强度为 C30,持载为 2kN 的试件研究干湿循环时间对界面特征参数的影响。为了消除试件混凝土基层和胶层的不均匀性给试验结果造成的不利影响,把不同侵蚀时间下各试件的界面参数实测值与室温环境下的试件界面特征参数实测值相比(即 $\tau_{\max,T}/\tau_{\max,0}$，其中 T=30、60、90、120，滑移量 s_0 处理方法相同)，即可得到界面特征参数随侵蚀时间的变化趋势，如图 7.46 所示。采用式(7.12)和式(7.13)对图中数据进行拟合，得到硫酸盐干湿循环侵蚀下黏结-滑移影响系数的表达式：

$$\gamma_{\tau_{\max}}(T) = e^{0.00231 - 3.299\times10^{-5}T - 2.132\times10^{-5}T^2} \tag{7.56}$$

$$\gamma_{s_0}(T) = e^{0.0053 - 7.273\times10^{-5}T - 4.72\times10^{-5}T^2} \tag{7.57}$$

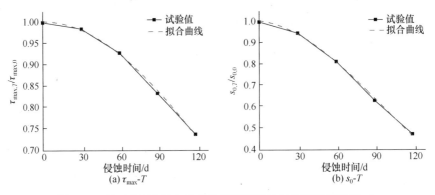

图 7.46　界面特征参数与硫酸盐干湿循环时间的关系曲线(2kN)

1) 应力水平对特征值的影响

取混凝土强度为 C30，应力水平分别为 2kN、4kN 的试件，其界面特征参数随干湿循环时间的变化趋势如图 7.46 和图 7.47 所示。采用式(7.12)和式(7.13)对图中数据进行拟合，可以得到应力水平修正系数 k_P 随干湿循环时间 T 的函数关系。应力水平修正系数 k_P 的表达式为

$$k_{P,\tau_{\max}} = 1 - 0.033T(P-2)^{-6.25} \tag{7.58}$$

$$k_{P,s_0} = 1 - 0.016T(P-2)^{-3.64} \tag{7.59}$$

式中，P=2，4。

2) 硫酸盐干湿循环作用下界面特征值计算公式

把式(7.13)和式(7.56)～式(7.59)代入(7.12)，即可得到经过混凝土强度和应力水平修正后的界面特征参数表达式：

$$
\begin{aligned}
\tau_{\max,T} &= \gamma_{\tau_{\max}}(T)\tau_{\max,0} \\
&= \left(0.26 f_c^{0.22}\right) K_{P,\tau_{\max}} \left(e^{0.00231 - 3.299\times10^{-5}T - 2.132\times10^{-5}T^2}\right) \\
&= \left(0.26 f_c^{0.22}\right)\left[1 - 0.033T(P-2)^{-6.25}\right]\left(e^{0.00231 - 3.299\times10^{-5}T - 2.132\times10^{-5}T^2}\right)
\end{aligned}
\tag{7.60}
$$

$$s_{0,T} = \gamma_{s_0}(T)s_{0,0}$$

$$= 0.058 K_{P,s_0} \left(\mathrm{e}^{0.0053 - 7.273 \times 10^{-5}T - 4.72 \times 10^{-5}T^2} \right) \tag{7.61}$$

$$= 0.058 \left[1 - 0.016T(P-2)^{-3.64} \right] \left(\mathrm{e}^{0.0053 - 7.273 \times 10^{-5}T - 4.72 \times 10^{-5}T^2} \right)$$

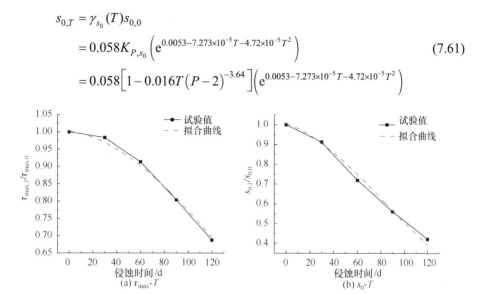

图 7.47　界面特征参数与不同应力水平的关系曲线(4kN)

2. 不同应力水平下界面黏结-滑移模型

取混凝土强度为 C30，应力水平为 2kN 的试件研究干湿循环时间对界面延性参数的影响，未受硫酸盐干湿循环侵蚀的试件界面延性参数为 2.670。除试件混凝土基层和胶层的不均匀性给试验结果造成的不利影响，把不同侵蚀时间下各试块的界面延性参数实测值与室温环境下的试件界面延性参数实测值相比(即 n_T/n_0，其中 $T=30$、60、90、120)即可得到界面延性参数比值随侵蚀时间的变化趋势，如图 7.48 所示，并对界面延性参数比值与硫酸盐干湿循环作用时间 T 的关系进行拟合，得到硫酸盐干湿循环作用影响系数的表达式：

$$\gamma_n(T) = \mathrm{e}^{0.00228 + 7.897 \times 10^{-6}T + 1.613 \times 10^{-5}T^2} \tag{7.62}$$

因此，不同硫酸盐干湿循环作用时间下界面延性参数 $n(T)$ 的表达式为

$$n(T) = \gamma_n(T)n_0 = n_0 \mathrm{e}^{-8.38 \times 10^{-3} + 1.048 \times 10^{-4}T + 1.696 \times 10^{-6}T^2} \tag{7.63}$$

应力水平对界面延性参数有一定的影响，直接采用式(7.63)计算不同应力水平下界面的延性参数，将会造成较大误差。因此，采用式(7.63)对界面延性参数进行计算时必须对其进行修正，故在此引入应力水平修正系数 $k_{P,n}$，代入式(7.62)得

$$\gamma_n(T) = k_{P,n} \mathrm{e}^{0.00228 + 7.897 \times 10^{-6}T + 1.613 \times 10^{-5}T^2} \tag{7.64}$$

1) 应力对界面延性参数的影响

取混凝土强度为 C30，应力水平分别为 2kN、4kN 的试件，其界面延性参数比值随干湿循环时间的变化趋势如图 7.48 和图 7.49 所示。采用式(7.64)对数据进行拟合，可以得到应力水平修正系数 $k_{P,n}$ 随侵蚀时间 T 的变化关系。应力水平修正系 $k_{P,n}$ 的表达式为

$$k_{P,n} = 1 + 0.016T(P-2)^{-6.189} \tag{7.65}$$

式中，P=2，4。

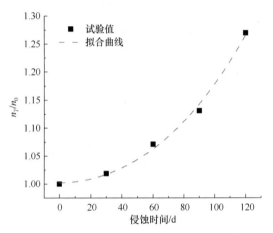

图 7.48　界面延性参数与硫酸盐干湿循环时间的关系(2kN)

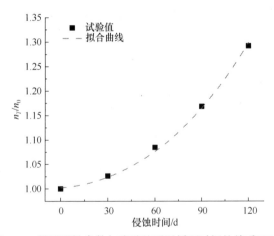

图 7.49　界面延性参数与硫酸盐干湿循环时间的关系(4kN)

2) 硫酸盐干湿循环作用下界面延性参数函数表达式

将式(7.64)、式(7.65)代入式(7.63)即可得到考虑硫酸盐干湿循环环境下黏结界面延性参数的表达式:

$$n(T) = \gamma_n(T) n_0 = K_{P,n} e^{0.00228+7.897 \times 10^{-6} T+1.163 \times 10^{-5} T^2} n_0$$

$$= \left(1+0.016T(P-2)^{-6.189}\right) e^{0.00228+7.897 \times 10^{-6} T+1.163 \times 10^{-5} T^2} n_0 \quad (7.66)$$

3) 预测模型结果与试验结果的对比

把式(7.66)、式(7.60)和式(7.61)求得的 $n(T)$、$\tau_{\max}(T)$ 和 $S_0(T)$ 代入式(7.11),即可得到考虑硫酸盐干湿循环作用下的 CFRP-混凝土界面黏结-滑移模型。将预测模型计算得到的曲线和试验实测值的曲线进行对比,结果如图 7.50 所示。

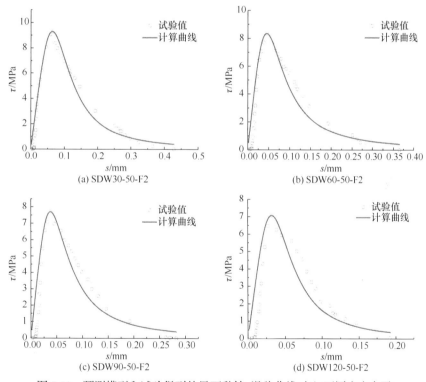

图 7.50　预测模型和试验得到的界面黏结-滑移曲线对比(不同应力水平)

从图 7.50 中可以看出,预测模型曲线和试验实测值曲线在上升段吻合较好,而在下降段的离散性比较大,特别是在下降的中段,试验值均大于计算值。分析原因,CFRP 片材的粘贴长度大于试件的有效黏结长度,多出的部分与混凝土之间的摩擦力会对试验值造成影响,使试验值变大,从而预测值和实测值不能完全吻合。

7.4　本章小结

本章分析了硫酸盐持续浸泡作用、硫酸盐干湿循环作用和冻融循环作用对CFRP-混凝土界面黏结-滑移曲线的影响；分析了不同因素(包括水胶比、粉煤灰掺量、硫酸盐浓度、冻融循环次数、持载水平)变化时界面特征值随侵蚀时间(次数)的变化关系；建立了考虑硫酸盐侵蚀影响的 CFRP-混凝土界面黏结-滑移模型。本章主要结论如下：

(1) 室温下，对于黏结长度大于有效黏结长度的试件，不同位置处获得的黏结-滑移曲线形状基本一致，均可分为上升段和下降段，所有曲线的上升段非常接近，几乎重叠在一起，但曲线的下降段离散性较大，距离加载端越远的点获得的黏结-滑移曲线的下降段较短；对于黏结长度不大于有效黏结长度的试件，得到的界面黏结-滑移曲线的下降段较短且离散性较大，同时界面峰值剪应力较小。

(2) 经硫酸盐持续浸泡作用、硫酸盐干湿循环作用和硫酸盐冻融循环作用后，不同侵蚀时间(次数)对应的 CFRP-混凝土界面黏结-滑移曲线的形状基本保持一致，但随着侵蚀时间(次数)的延长，界面剪应力峰值及其对应的界面滑移量均随之下降。

(3) 硫酸盐持续浸泡作用、硫酸盐干湿循环作用和硫酸盐冻融循环作用以及不同应力水平下，随着侵蚀时间(次数)的延长，界面特征值(界面剪应力峰值及其对应的界面滑移量)下降；通过对试验数据的回归分析，给出了不同因素(水胶比、粉煤灰掺量、硫酸盐浓度、持载水平)变化时界面特征值的计算表达式。

(4) 通过引入硫酸盐环境下黏结-滑移综合影响系数(考虑了水胶比、粉煤灰掺量、硫酸盐溶液浓度、持载水平的影响)，给出了界面延性参数的计算表达式，建立了考虑不同侵蚀环境作用的 CFRP-混凝土界面黏结-滑移模型。

参 考 文 献

[1] MEIER U, DEURING M. CFRP Bonded Sheets, FRP Reinforcement for Concrete Structures: Properties and Applications[M]. Netherlands: Elsevier Science Publishers, 1993.

[2] MEIER U. Strengthening of structures using carbon fiber/epoxy composites [J]. Construction and Building Materials, 1995, 9(6): 341-351.

[3] MEIER U, ERICA M A. Advantages of composite materials in the post-strengthening technique for developing countries[C]// Proceedings of the 6th International Colloquium on Concrete in Developing Countries, Lahore, Pakistan, 1997:1-11.

[4] TRIANTAFILLOU T C. Strengthening of structures with advanced FRPs[J]. Progress in Structural Engineering and Materials, 1998,1(2):126-134.

[5] 滕锦光, 陈建飞, SMITH S T,等. FRP 加固混凝土结构[M]. 北京: 中国建筑工业出版社, 2005.

[6] 朱春阳, 赵颖华, 李晓飞. FRP-钢管-混凝土构件抗震性能试验研究[J]. 复合材料学报, 2013, 30(1): 180-186.

[7] 张鹏, 凌亚青, 邓宇, 等. CFRP-PCPs 复合筋嵌入加固钢筋混凝土梁裂缝试验及计算方法研究[J].复合材料学报, 2013,30(5):251-257.

[8] 叶列平, 冯鹏. FRP 在工程结构中的应用与发展[J].土木工程学报,2006,39(3):24-34.

[9] 于峰, 牛荻涛. 长细比对 FRP 约束混凝土柱承载力的影响[J].土木工程学报,2008,41(6):40-44.

[10] Al-ROUSAN R, HADDAD R, Al-SA'DI K. Effect of sulfates on bond behavior between carbon fiber reinforced polymer sheets and concrete[J]. Materials and Design,2013,43(7):237-248.

[11] BISCAIA H C, SILVA M A G, CHASTRE C. An experimental study of GFRP-to-concrete interfaces submitted to humidity cycles[J]. Composite Structures,2014,110(4):354-368.

[12] SOUDKI K, El-SALAKAWY E, CRAIG B, et al. Behavior of CFRP strengthened reinforced concrete beams in corrosive environment[J]. Journal of Composites for Construction, 2007, 11(3): 291-298.

[13] EKENEL M, MYERS J J. Fatigue performance of CFRP strengthened RC Beams under environmental conditioning and sustained load[J]. Journal of Composites for Construction, 2009, 13(2): 93-102.

[14] 任慧韬, 李杉, 黄承逵. 冻融循环和荷载耦合作用下 CFRP(碳纤维增强聚合物)片材的耐久性试验研究[J]. 工程力学, 2010(4): 202-207.

[15] HABER Z B, MACKIE K R, ZHAO L. Mechanical and environmental loading of concrete beams strengthened with epoxy and polyurethane matrix carbon fiber laminates[J]. Construction and Building Materials, 2012,26(1):604-612.

[16] 周昊. 湿热环境下 FRP 加固 RC 构件耐久性实验方法研究[D]. 广州: 华南理工大学, 2012.

[17] 郑小红. 湿热环境下 CFL-混凝土界面粘结-滑移机理研究[D]. 广州: 华南理工大学, 2014.

[18] 刘连新. 察尔汗盐湖及超盐渍土地区混凝土腐蚀及预防初探[J].建筑材料学报, 2001, 4(4): 395-400.

[19] 王复生, 孙瑞莲, 秦晓娟. 察尔汗盐湖条件下水泥混凝土耐久性调查研究[J].硅酸盐通报,2002(4):16-22.

[20] 吴福飞, 侍克斌, 董双快, 等. 硫酸盐镁盐复合侵蚀后混凝土的微观形貌特征[J].农业工程学报,2015,31(9):140-146.

[21] 赵庚, 马锋玲, 崔玉玳, 等. 高抗硫酸盐材料现场试验报告[J]. 混凝土与水泥制品, 1997(2): 10-13.

[22] 高润东. 复杂环境下混凝土硫酸盐侵蚀微-宏观劣化规律研究[D]. 北京: 清华大学, 2010.

[23] 李趁趁. FRP 加固混凝土结构耐久性试验研究[D]. 大连: 大连理工大学, 2006.

[24] 杨勇新, 岳清瑞, 胡云昌. 碳纤维布与混凝土粘结性能的试验研究[J]. 建筑结构学报, 2001, 22(3): 36-42.

[25] SHARMA S K, ALI M S M, GOLDAR D, et al. Plate-concrete interfacial bond strength of FRP and metallic plated concrete specimens [J]. Composites Part B: Engineering,2006,37(1):54-63.

[26] ALI-AHMAD M, SUBRAMANIAM K, GHOSN M. Experimental investigation and fracture analysis of debonding between concrete and FRP sheets[J]. Journal of Engineering Mechanics, 2006, 132(9): 914-923.

[27] 胡安妮. 荷载和恶劣环境下 FRP 增强结构耐久性研究[D].大连:大连理工大学,2007.

[28] VAN GEMERT D A. Repairing of concrete structures by externally bonded steel plates [J]. Developments in Civil Engineering,1982,5:519-526.

[29] SWAMY R N, JONES R, CHARIF A. Shear adhesion properties of epoxy resin adhesives[C]// Adhesion Between Polymers and Concrete, Proceedings of an International Symposium, Aix-en-Provence, France, 1986:741-755.

[30] KOBATAKE Y, KIMURA K, KATSUMADA H. A retrofitting method for reinforcement concrete structures [J]. Properties and application, 1993,66:435-450.

[31] CHAJES M J, FINCH W, JANUSZKA T F, et al. Bond and force transfer of composite material plates bonded to concrete [J]. ACI Structural Journal,1996,93(2): 208-217.

[32] NEUBAUER U, ROSTASY F S. Design aspects of concrete structures strengthened with externally bonded CFRP plates[C]// Proceedings of the Seventh International Conference on Structural Faults and Repair. Edinburgh: Engineering Technics Press, 1997: 107-120.

[33] 姚谏, 滕锦光. FRP 复合材料与混凝土的粘结强度试验研究[J].建筑结构学报,2003,24(5):10-18.

[34] 任慧韬. 纤维增强复合材料加固混凝土结构基本力学性能和长期受力性能研究[D].大连:大连理工大学,2003.

[35] LORENZIS L D , MILLER B , NANNI A . Bond of fiber-Reinforced polymer laminates to concrete [J]. ACI Materials Journal,2001,98(3):256-264.

[36] MILLER B, NANNI A. Bond between CFRP sheets and concrete[C]// Materials and Construction: Exploring the Connection, Proceeding of the Fifth Materials Congress, Ohio, 1999:240-247.

[37] HORIGUCHI T, SAEKI N. Effect of test methods and quality of concrete on bond strength of CFRP sheet[J]. Non-metallic (FRP) Reinforcement for concrete structures,1997,1:265-270.

[38] WENDEL M S. Significance of midspan debonding failure in FRP-plated concrete beams[J]. Journal of Structural Engineering,2001,127(7):792-798.

[39] HARMON T G , KIM Y J , KARDOS J , et al. Bond of surface-mounted fiber-reinforced polymer reinforcement for concrete structures[J]. Structural Journal, 2003, 100(5): 557-564.

[40] WU Z, HONG Y, KOJIMA Y, et al. Experimental and analytical studies on peeling and spalling

resistance of unidirectional FRP sheets bonded to concrete[J]. Composites Science and Technology,2004, 65(7):1088-1097.

[41] DAI J, UEDA T, SATO Y. Bonding characteristics of fiber-reinforced polymer sheet-concrete interfaces under dowel load[J]. Journal of Composites for Construction,2007,11(2):138-148.

[42] YAO J, TENG J G, CHEN J F. Experimental study on FRP-to-concrete bonded joints[J]. Composites Part B: Engineering, 2004,36(2):99-113.

[43] CARLONI C, SUBRAMANIAM K V, SAVOIA M, et al. Experimental determination of FRP-concrete cohesive interface properties under fatigue loading[J]. Composite Structures, 2012, 94(4): 1288-1296.

[44] 曹双寅, 潘建伍, 陈建飞, 等. 外贴纤维与混凝土结合面的粘结滑移关系[J]. 建筑结构学报, 2006, 27(1): 99-105.

[45] 陆新征. FRP-混凝土界面行为研究[D]. 北京: 清华大学, 2005.

[46] KO H, SATO Y. Bond stress-slip relationship between FRP sheet and concrete under cyclic load[J]. Journal of Composites for Construction, 2007, 11(4): 419-426.

[47] 陆新征, 叶列平, 滕锦光, 等. FRP-混凝土界面粘结滑移本构模型[J].建筑结构学报,2005,26(4):10-18.

[48] CHEN J F, TENG J G. Anchorage strength models for FRP and steel plates bonded to concrete[J]. Journal of Structural Engineering,2001,127(7):784-791.

[49] YAO J. Debonding in FRP strengthened RC structures [D]. Hong Kong: The Hong Kong Polytechnic University,2004.

[50] 韩强. CFRP-混凝土界面粘结滑移机理研究[D].广州:华南理工大学,2010.

[51] 郭樟根, 曹双寅. FRP与混凝土的粘结性能研究进展[J].特种结构,2005,22(2):70-74.

[52] CHAJES M J, FINCH W, JANUSZKA T F, et al. Bond and force transfer of composite material plates bonded to concrete [J]. ACI Structural Journal,1996,93(2):295-303.

[53] 曹双寅, 滕锦光, 陈建飞, 等. 外贴纤维加固梁斜截面纤维应变分布的试验研究[J].土木工程学报, 2003,36(11):6-11.

[54] SHI J W. bond behavior between basalt fiber-reinforced polymer sheet and concrete substrate under the coupled effects of freeze-thaw cycling and sustained load[J]. Journal of Composites for Construction,2013,17(4):530-542.

[55] 施嘉伟, 朱虹, 吴智深, 等. 数字图像相关法测量FRP片材与混凝土界面的黏结滑移关系[J].土木工程学报, 2012, 45(10): 13-22.

[56] DAI J, UEDA T, SATO Y. Development of the nonlinear bond stress-slip model of fiber reinforced plastics sheet-concrete interfaces with a simple method[J]. Journal of Composites for Construction, 2005, 9(1): 52-62.

[57] 张明武, 余建星, 王有志, 等. FRP补强加固RC梁粘结破坏机理研究[J].建筑结构学报, 2003, 24(6): 92-97.

[58] 李可, 曹双寅, 潘毅, 等. FRP-混凝土界面粘结性能疲劳试验方案比选分析[J].土木工程学报,2013, 46(S2):185-189.

[59] 郭樟根, 孙伟民, 曹双寅.FRP与混凝土界面粘结-滑移本构关系的试验研究[J].土木工程学报,2007,40(3):1-5.

[60] 谢建和, 黄培彦, 郭馨艳, 等. FRP 片材加固开裂 RC 梁跨中界面粘结剪应力分析[J].工程力学,2009, 26(11):127-133.

[61] 徐涛, 唐春安, 张永彬, 等. FRP-混凝土界面剥离破坏过程并行数值模拟[J].固体力学,2011,32(1):88-93.

[62] ZHOU Y W, WU Y F, YUN Y C. Analytical modeling of the bond-slip relationship at FRP-concrete interfaces for adhesively-bonded joints[J]. Composites Part B: Engineering, 2010, 41(6): 423-433.

[63] CARRARA P, FERRETTI D, FREDDI F, et al. Shear tests of carbon fiber plates bonded to concrete with control of snap-back[J]. Engineering Fracture Mechanics,2011,78(15):2663-2678.

[64] YUAN H, TENG J G, SERACINO R, et al. Full-range behavior of FRP-to-concrete bonded joints[J]. Engineering Structures, 2004,26(5):553-565.

[65] DIAB H M, FARGHAL O A. Bond strength and effective bond length of FRP sheets/plates bonded to concrete considering the type of adhesive layer[J]. Composites Part B: Engineering, 2014, 58(3): 618-624.

[66] WANG J. Debonding of FRP-plated reinforced concrete beam, a bond-slip analysis. I. Theoretical formulation[J]. International Journal of Solids & Structures,2006,43(21):6649-6664.

[67] 彭晖, 刘洋, 付俊俊, 等. 冻融循环作用下表层嵌贴 CFRP-混凝土界面黏结性能试验研究[J].湖南大学学报(自然科学版), 2017, 44(5): 63-72.

[68] 尹润平, 朱玉雪, 张帅, 等. CFRP 与混凝土界面黏结滑移性能试验研究[J].硅酸盐通报,2018, 37(10): 3322-3327.

[69] 宋小软, 高睿, 黄成林, 等. BFRP 增强复合水泥板与混凝土界面黏结性能试验研究[J]. 混凝土, 2019(8): 20-23.

[70] 陆新征, 叶列平, 滕锦光, 等. FRP 片材与混凝土粘结性能的精细有限元分析[J].工程力学,2006,23(5):74-82.

[71] LIU K, WU Y F. Analytical identification of bond-slip relationship of EB-FRP joints[J]. Composites Part B: Engineering, 2012,43(1):1955-1963.

[72] CORNETTI P, CARPINTERI A. Modelling the FRP-concrete delamination by means of an exponential softening law[J]. Engineering Structures, 2011, 33(6):1988-2001.

[73] 叶苏荣, 孙延华, 熊光晶. 基于"梁段"模型的 FRP 加固混凝土梁端界面剥离破坏分析[J].工程力学,2012,29(2):101-113.

[74] 刘三星. FRP 加固混凝土界面问题研究[D].广州:暨南大学,2013.

[75] 琚宏昌, 李远心, 张鹏. FRP加固梁的FRP-混凝土界面脱胶分析[J].力学与实践, 2013, 35(1): 49-54.

[76] TENG J G, YUAN H, CHEN J F. FRP-to-concrete interfaces between two adjacent cracks: Theoretical model for debonding failure[J]. International Journal of Solids and Structures, 2005, 43(18): 5750-5778.

[77] CHEN F L, QIAO P Z. Debonding analysis of FRP-concrete interface between two balanced adjacent flexural cracks in plated beams[J]. International Journal of Solids and Structures, 2009, 46(13): 2618-2628.

[78] CHEN J F, YUAN H, TENG J G. Debonding failure along a softening FRP-to-concrete interface

between two adjacent cracks in concrete members[J]. Engineering Structures,2007,29(2):259-270.

[79] 曹双寅, 潘建伍, 邱洪兴. 外贴纤维加固梁抗剪承载力计算方法分析[J].东南大学学报(自然科学版), 2002, 32(5): 766-770.

[80] CARRARA P, FERRETTI D. A finite-difference model with mixed interface laws for shear tests of FRP plates bonded to concrete[J]. Composites Part B: Engineering,2013,54(8):329-342.

[81] 赵慧建, 郭庆勇, 陈磊, 等. 胶层厚度对CFRP-混凝土界面性能影响的数值分析[J]. 应用科技,2018, 45(2): 96-100.

[82] 任慧韬, 胡安妮, 赵国藩. 冻融循环对玻璃纤维布加固混凝土梁受力性能影响[J].土木工程学报,2004, 37(4):104-110.

[83] 李趁趁, 黄承逵, 高丹盈. 特定环境下FRP与混凝土正拉黏结性能试验研究[J].大连理工大学学报,2006(S1):77-81.

[84] 邓宗才, 牛翠兵, 杜修力, 等. FRP 加固混凝土结构耐久性研究[J].北京工业大学学报,2006,32(2):133-137.

[85] 冯鹏, 陆新征, 叶列平. 纤维增强复合材料建设工程应用技术[M]. 北京: 中国建筑工业出版社,2011.

[86] RIVERA J, KARBHARI V M. Cold-temperature and simultaneous aqueous environment related degradation of carbon/vinylester composites[J]. Composites Part B: Engineering,2002,33(1):17-24.

[87] WU H C, FU G, GIBSON R F, et al. Durability of FRP composite bridge deck materials under freeze-thaw and low temperature conditions[J]. Journal of Bridge Engineering, 2006, 11(4): 443-451.

[88] ABANILLA M A, LI Y, KARBHARI V M. Durability characterization of wet layup graphite/epoxy composites used in external strengthening[J]. Composites Part B: Engineering, 2006, 37(2-3): 200-212.

[89] DUTTA P K, HUI D. Low-temperature and freeze-thaw durability of thick composites[J]. Composites Part B: Engineering, 1996, 27(3-4): 371-379.

[90] KARBHARI V M, RIVERA J, DUTTA P K. Effect of short-term freeze-thaw cycling on composite confined concrete[J]. Journal of Composites for Construction,2000,4(4):191-197.

[91] KARBHARI V M. Response of fiber reinforced polymer confined concrete exposed to freeze and freeze-thaw regimes[J]. Journal of Composites for Construction,2002,6(1):35-40.

[92] CHAJES M J, JR T T, FARSCHMAN C A. Durability of concrete beams externally reinforced with composite fabrics[J]. Construction & Building Materials,1995,9(3):141-148.

[93] KARBHARI V M, ABANILLA M A. Design factors, reliability, and durability prediction of wet layup carbon/epoxy used in external strengthening[J]. Composites Part B: Engineering, 2007, 38(1): 10-23.

[94] 杨勇新, 杨萌, 赵颜, 等. 玄武岩纤维布的耐久性试验研究[J]. 工业建筑, 2007, 37(6): 11-13.

[95] 王晓洁, 梁国正, 张炜, 等. 湿热老化对高性能复合材料性能的影响[J].固体火箭技术, 2006, 29(4): 301-304.

[96] 李杉. 环境与荷载共同作用下 FRP 加固混凝土耐久性[D].大连:大连理工大学,2009.

[97] CHU W, WU L, KARBHARI V M. Durability evaluation of moderate temperature cured E-glass/vinylester systems[J]. Composite Structures,2004,66(1-4):367-376.

[98] BUCK S E, LISCHER D W, NEMATNASSER S. The durability of E-glass/vinyl ester composite

materials subjected to environmental conditioning and sustained loading[J]. Journal of Composite Materials, 1998, 32(9): 874-892.

[99] LI Y, CORDOVEZ M, KARBHARI V M. Dielectric and mechanical characterization of processing and moisture uptake effects in E-glass/epoxy composites[J]. Composites Part B: Engineering, 2003, 34(4): 383-390.

[100] 肖建庄, 于海生, 秦灿灿. 复合材料加固混凝土结构耐久性研究[J]. 玻璃钢, 2003, 3(2): 16-21.

[101] DEBAIKY A S, NKURUNZIZA G, BENMOKRANE B, et al. Residual tensile properties of GFRP reinforcing bars after loading in severe environments[J]. Journal of Composites for Construction,2006,10(5):370-380.

[102] CHEN Y, DAVALOS J F, RAY I. Durability prediction for GFRP reinforcing bars using short-term data of accelerated aging tests[J]. Journal of Composites for Construction, 2006, 10(10): 279-286.

[103] ZHOU Y, FAN Z, DU J, et al. Bond behavior of FRP-to-concrete interface under sulfate attack: An experimental study and modeling of bond degradation[J]. Construction and Building Materials, 2015,85(15):9-21.

[104] 杨萌, 杨勇新, 廉杰, 等. 华北自然环境条件下浸渍树脂耐久性能对碳纤维片材耐久性影响的试验[J].工业建筑,2008,38(2):18-20.

[105] 袁晓露, 周明凯, 李北星. FRP 复合材料与混凝土界面粘结耐久性能研究[J].人民长江,2008,39(14):77-79.

[106] MICELLI F, NANNI A. Durability of FRP rods for concrete structures[J]. Construction and Building Materials,2004, 18(7):491-503.

[107] 李运华, 李珍. 纤维增强复合材料的耐久性实验分析[J]. 公路工程, 2017, 42(3): 70-72.

[108] KINLOCH A J, SHAW S J. Development in Adhesives-2[M]. London: Applied Science, 1981.

[109] KLAMER E L, HORDIJK D A, JANSSEN H J M. The influence of temperature on the debonding of externally bonded CFRP[J]. ACI Special Publication, 2005, 230: 1551-1570.

[110] 岳清瑞, 杨勇新, 郭春红, 等. 浸渍树脂快速与自然老化试验对应关系[J].工业建筑,2006,36(8):64-68.

[111] 杨勇新, 叶列平, 岳清瑞. 碳纤维布与混凝土的粘结强度指标[J].工业建筑,2003,33(2):5-8.

[112] 杨勇新, 岳清瑞. 碳纤维布与混凝土粘结破坏面特征[J].工业建筑,2003,33(9):1-3.

[113] 李永德, 朱明. FRP 加固修复混凝土用粘结材料的研究(1)底层涂料[J].化学建材, 2001, 17(3): 30-32.

[114] 李永德, 朱明. FRP 加固修复混凝土用粘结材料的研究(2)浸渍树脂[J].化学建材, 2001, 17(5): 29-32.

[115] 梅雪. CFRP 加固混凝土用粘结材料的增韧及耐久性研究[D]. 北京: 清华大学, 2005.

[116] 杨勇新, 王敬, 张小冬. 碳纤维布加固混凝土结构耐久性能初步研究[J]. 港工技术, 2002, 6(2): 25-27.

[117] PARK C W, KANG T S. Resistance to freezing and thawing of fiber-reinforced polymer-concrete bond[J]. ACI Structural Journal,2009,21(2):215-223.

[118] MARIA D M L, ANTOINC E N, ROGER T. Bending behavior of reinforced concrete beams

strengthened with carbon fiber reinforced polymer laminates and subjected to freeze-thaw cycles[J]. ACI Special Publication,1999: 559-576.

[119] GREEN M F, DENT A J S, BISBY L A. Effect of freeze-thaw cycling on the behaviour of reinforced concrete beams strengthened in flexure with fibre reinforced polymer sheets[J]. Canadian Journal of Civil Engineering,2003, 30(6):1081-1088.

[120] QIAO P Z, XU Y W. Effects of freeze-thaw and dry-wet conditionings on the mode-I fracture of FRP-concrete interface bonds[C]// Engineering, Construction and Operations in Challenging Environments-Earth and Space 2004: Proceedings of the Ninth Biennial ASCE Aerospace Division International Conference, League City/Houston, TX, United States, 2004:601-608.

[121] AHMAD M A. Debonding of FRP from in strengthening applications experimental investigation and theoretical validation[D]. New York: The City University of New York,2005.

[122] JIA J H, BOOTHBY T E, CHARLES E B, et al. Durability evaluation of glass fiber reinforced-polymer concrete bonded interfaces[J]. Journal of Composites for Construction, 2005, 9(4): 348-359.

[123] GRACE N F, SINGH S B. Durability evaluation of carbon fiber-reinforced polymer strengthened concrete beams: Experimental study and design[J]. ACI Structural Journal,2005,102(1): 40-53.

[124] MUKHOPADHYAYA P, SWAMY R N, LYNSDALE C J. Influence of aggressive exposure condition on the behaviour of adhesive bonded concrete-GFRP joints[J]. Construction and Building Materials,1998,12(8):427-446.

[125] SILVA M, BISCAIA H. Degradation of bond between FRP and RC beams[J]. Composite Structures,2007,85(2):164-174.

[126] MYERS J J, EKENEL M. Effect of environmental conditions during installation process on bond strength between CFRP laminate and concrete substrate[C]//Proceedings of 7th International Symposium on Fiber Reinferced Polymer Reinforcement for Reinforced Concrete Structures, Kansas, 2005.

[127] HOMAM S M. Fibre reinforced polymers (FRP) and FRP-concrete composites subjected to various loads and environmental exposures[D]. Toronto: University of Toronto,2005.

[128] GANGARAO H V S, BARGER J. Aging of bond between FRP and concrete cubes[J]. International Journal of Materials & Product Technology,2003,19(1/2):83-95.

[129] TOUTANJI H A, GÓMEZ W. Durability characteristics of concrete beams externally bonded with FRP composite sheets[J]. Cement and Concrete Composites,1997,19(4):351-358.

[130] 刘生纬, 张家玮, 赵建昌, 等. 硫酸盐干湿交替对碳纤维增强环氧树脂-混凝土界面粘结性能的影响[J]. 复合材料学报, 2018, 35(1): 16-23.

[131] 李凯, 张家玮, 刘生纬, 等. 硫酸盐作用下后贴 CFRP-混凝土界面黏结强度试验研究[J]. 混凝土, 2018(3): 13-17.

[132] 李伟文, 徐文冰, 周英武, 等. 硫酸盐溶液干湿循环对 FRP 加固混凝土梁抗剪性能的劣化作用[J]. 北京工业大学学报, 2014, 40(8): 1226-1231.

[133] 陈肇元. 土建结构工程的安全性与耐久性[M]. 北京: 中国建筑工业出版社, 2003.

[134] 王媛俐, 姚燕. 重点工程混凝土耐久性的研究与工程应用[M]. 北京: 中国建材工业出版社, 2001.

[135] 姚燕. 新型高性能混凝土耐久性的研究与工程应用[M]. 北京: 中国建材工业出版社, 2004.

[136] 张誉, 蒋利学, 张伟平, 等. 混凝土结构耐久性概论[M]. 上海: 上海科学技术出版社, 2003.

[137] 董宜森. 硫酸盐侵蚀环境下混凝土耐久性能试验研究[D]. 杭州: 浙江大学, 2011.

[138] 高英力, 龙杰, 刘赫, 等. 硫酸盐作用下粉煤灰轻骨料混凝土力学性能及微观结构[J]. 建筑材料学报,2014, 17(3): 389-395.

[139] 袁斌, 牛荻涛, 王家滨. 盐湖卤水侵蚀混凝土孔结构分析[J]. 混凝土, 2017(5): 5-7, 11.

[140] 席耀忠. 近年来水泥化学的新进展——记第九届国际水泥化学会议[J]. 硅酸盐学报, 1993, 21(6):577-588.

[141] FERRARIS C F, STUTZMAN P E, SNYDER K A. Sulfate Resistance of Concrete: A New Approach[M]. Illinois: PCA Press, 2006.

[142] 乔宏霞, 何忠茂, 刘翠兰. 硫酸盐环境混凝土动弹性模量及微观研究[J]. 哈尔滨工业大学学报,2008, 40(8): 1302-1306.

[143] 乔宏霞, 周茗如, 何忠茂, 等. 硫酸盐环境中混凝土的性能研究[J]. 应用基础与工程科学学报, 2009, 17(1): 77-84.

[144] 乔宏霞, 朱彬荣, 向美玲. 西安地区现场暴露混凝土损伤评价[J]. 深圳大学学报(理工版), 2015, 32(4): 378-384.

[145] 刘赞群. 混凝土硫酸盐侵蚀基本机理研究[D].长沙:中南大学,2010.

[146] THAULOW N, SAHU S. Mechanism of concrete deterioration due to salt crystallization[J]. Materials Characterization, 2004,53(2-4):123-127.

[147] TIAN B, COHEN M D. Does gypsum formation during sulfate attack on concrete lead to expansion[J]. Cement and Concrete Research, 2000,30(1):117-123.

[148] SANTHANAM M, COHEN M D, OLEK J. Effects of gypsum formation on the performance of cement mortars during external sulfate attack[J]. Cement and Concrete Research, 2003, 33(3): 325-332.

[149] 杜健民, 梁咏宁, 张凤杰. 地下结构混凝土硫酸盐腐蚀机理及性能退化[M].北京:中国铁道出版社,2011.

[150] SCHERER G W. Crystallization in pores[J]. Cement and Concrete Research,1999,29(8):1347-1358.

[151] SCHERER G W. Stress from crystallization of salt[J]. Cement and Concrete Research, 2004,34(9):1613-1624.

[152] RODRIGUEZ-NAVARRO C, DOEHNE E. Salt weathering: Influence of evaporation rate, supersaturation and crystallization pattern[J]. Earth Surface Processes and Landforms, 1999, 24(2-3): 191-209.

[153] RODRIGUEZ-NAVARRO C, DOEHNE E, SEBASTIAN E. How does sodium sulfate crystallize? Implications for the decay and testing of building materials[J]. Cement and Concrete Research, 2000, 30(10): 1527-1534.

[154] FLATT R J. Salt damage in porous materials: How high supersaturations are generated[J]. Journal of Crystal Growth, 2002, 242(3-4):435-454.

[155] TSUI N, FLATT R J, SCHERER G W. Crystallization damage by sodium sulfate[J]. Journal of Cultural Heritage,2003,4(2):109-115.

[156] GENKINGER S, PUTNIS A. Crystallisation of sodium sulfate: Supersaturation and metastable

phases[J]. Environmental Geology,2007,52(2):295-303.

[157] BENAVENTE D, GARCIA DEL CURA M A, FORT R, et al. Thermodynamic modelling of changes induced by salt pressure crystallization in porous media of stone[J]. Journal of Crystal Growth, 1999, 204(1): 168-178.

[158] LEE S T, MOON H Y, SWAMY R N. Sulfate attack and role of silica fume in resisting strength loss[J]. Cement & Concrete Composites,2005,27(1): 65-76.

[159] BOYD A J, MINDESS S. The use of tension testing to investigate the effect of W/C ratio and cement type on the resistance of concrete to sulfate attack[J]. Cement and Concrete Research,2004,34(3): 373-377.

[160] MONTEIRO P J M, KURTIS K E. Time to failure for concrete exposed to severe sulfate attack[J]. Cement & Concrete Research,2003,33(7): 987-993.

[161] TORII K, TANIGUCHI K, KAWAMURA M. Sulfate resistance of high fly ash content concrete[J]. Cement & Concrete Research,1995,25(4): 759-768.

[162] TIKALSKY P J, CARRASQUILLO R L. Influence of fly ash on the sulfate resistance of concrete[J]. ACI Materials Journal, 1992,89(1): 69-75.

[163] HILL J, BYARS E A, SHARP J H, et al. An experimental study of combined acid and sulfate attack of concrete[J]. Cement & Concrete Composites,2003,25(8): 997-1003.

[164] CAO H T, BUCEA L, RAY A, et al. The effect of cement composition and pH of environment on sulfate resistance of Portland cements and blended cements[J]. Cement & Concrete Composites,1997,19(2):161-171.

[165] HEKAL E E, KISHAR E, MOSTAFA H. Magnesium sulfate attack on hardened blended cement pastes under different circumstances[J]. Cement & Concrete Research,2002,32(9):1421-1427.

[166] PARK Y S, SUH J K, LEE J H, et al. Strength deterioration of high strength concrete in sulfate environment[J]. Cement & Concrete Research,1999,29(9):1397-1402.

[167] SHANNAG M J, SHAIA H A. Sulfate resistance of high-performance concrete[J]. Cement & Concrete Composites,2003,25(3):363-369.

[168] LAWRENCE C D. Sulphate attack on concrete[J]. Magazine of Concrete Research, 1990, 42(153): 249-264.

[169] IRASSAR E F, GONZÁLEZ M, RAHHAL V. Sulphate resistance of type V cements with limestone filler and natural pozzolana[J]. Cement & Concrete Composites,2000,22(5):361-368.

[170] SHANAHAN N, ZAYED A. Cement composition and sulfate attack: Part I [J]. Cement & Concrete Research,2007, 37(4):618-623.

[171] TIKALSKY P J, ROY D, SCHEETZ B, et al. Redefining cement characteristics for sulfate-resistant Portland cement[J]. Cement & Concrete Research,2002,32(8):1239-1246.

[172] 李景民. 试论粉煤灰混凝土的耐久性[J]. 图书情报导刊, 2002, 12(1): 1, 163.

[173] 全国纤维增强塑料标准化技术委员会. 纤维增强塑料性能试验方法总则: GB/T 1446—2005[S]. 北京: 中国标准出版社, 2005.

[174] 全国纤维增强塑料标准化技术委员会. 定向纤维增强聚合物基复合材料拉伸性能试验方法(GB/T 3354—2014)[S]. 北京: 中国标准出版社, 2014.

[175] 中华人民共和国住房和城乡建设部. 普通混凝土长期性能和耐久性能试验方法标准:

GB/T 50082—2009[S]. 北京: 中国建筑工业出版社, 2009.

[176] WU Z S, IWASHITA K, YAGASHIRO S, et al. Temperature effect on bonding and debonding behavior between FRP sheets and concrete[J]. Journal of the Society of Materials Science Japan,2005,54(5):474-475.

[177] TOMMASO A D, NEUBAUER U, PANTUSO A, et al. Behavior of adhesively bonded concrete-CFRP joints at low and high temperatures[J]. Mechanics of Composite Materials, 2001, 37(4): 327-332.

[178] 中华人民共和国水利部. 水工混凝土试验规程: SL 352—2006[S]. 北京: 中国水利水电出版社, 2006.

[179] 于爱民, 李趁趁, 高丹盈, 等. 恶劣环境下纤维增强聚合物片材拉伸性能[J]. 复合材料学报, 2017, 34(7): 1496-1504.

[180] ARMSTRONG K B. Effect of absorbed water in CFRP composites on adhesive bonding [J]. International Journal of Adhesion and Adhesives, 1996,16(1):21-28.

[181] KOOTSOOKOS A, MOURITZ A P. Seawater durability of glass- and carbon-polymer composites[J]. Composites Science and Technology,2004,64(10-11):1503-1511.

[182] TENG J G, CAO S Y, LAM L. Behavior of GFRP strengthened RC cantilever slabs[J]. Constr Build Mater, 2001, 15(7): 339-349.

[183] LIU S W, ZHANG J W, ZHAO J C, et al. Experimental study on performance of short-bonding interface between cFRP and concrete[J]. Key Engineering Materials,2017,4487: 331-336.

[184] 张迪, 张家玮, 李朋亚, 等. 基于双面剪切试验的 CFRP-混凝土界面粘结-滑移关系研究[J]. 南阳理工学院学报, 2016, 8(2): 83-86.

[185] 刘生纬, 张家玮, 赵建昌, 等. 硫酸盐环境下碳纤维增强复材-混凝土界面黏结性能研究[J]. 工业建筑, 2017, 47(11): 19-22.

[186] NAKABA K, KANAKUBO T, FURUTA T, et al. bond behavior between fiber-reinforced polymer laminates and concrete[J]. ACI Structural Journal, 2001, 98(3): 1-9.

[187] YUN Y C, WU Y F. Durability of CFRP-concrete joints under freeze-thaw cycling[J]. Cold Regions Science and Tech,2011,65(3):401-412.

[188] AL-DULAIJAN S U. Sulfate resistance of plain and blended cements exposed to magnesium sulfate solutions[J]. Constr Build Mater,2007,21(8):1792-1802.

[189] 刘生纬, 赵建昌, 张家玮, 等. 硫酸盐环境下 CFRP-混凝土界面黏结强度试验研究[J]. 铁道学报, 2019, 41(1): 138-143.

[190] 王凤霞. 碳纤维加固混凝土耐久性的试验研究[D]. 南京: 河海大学, 2007.

[191] SCHWARTZENTRUBER A, BOURNAZEL J P, GACEL J N. Hydraulic concrete as a deep-drawing tool of sheet steel[J]. Cement and Concrete Research, 1999, 29(2): 267-271.

[192] HIROYUKI Y, WU Z. Analysis of debonding fracture properties of CFS strengthened member subject to tension[C]// Non-Metallic (FPR) Reinforcement for Concrete Structures, Proceedings of the Third International Symposium, Tokyo, Japan, 1997: 285-296.

[193] TANAKA T. Shear resisting mechanism of reinforced concrete beams with CFS as shear reinforcement[D]. Sapporo City: Hokkaido University,1996.

[194] CHAALLAL O, NOLLET M, PARRATON D. Strengthening of reinforced concrete beams with

externally bonded fiber-reinforced-plastic plates[J]. Canadian Journal of Civil Engineering, 1998, 25(4): 692-704.

[195] SATO Y, ASANO Y, UEDA T. Fundamental study on bond mechanism of carbon fiber sheet[J]. Proceedings of the Japan Society of Civil Engineers, 2000, 47(648): 71-87.

[196] Japanese Concrete Institute. Technical report of technical committee on retrofit technology [C]// Proceedings of the 6th International Symposium on Latest Achievement of Technology and Research on Retrofitting Concrete Structure, Kyoto, Japan, 2003: 4-42.

[197] KHALIFA A, GOLD W J, NANNI A, et al. Contribution of externally bonded FRP to shear capacity of RC flexural members[J]. Journal of Composites for Construction, 1998, 2(4): 195-202.

[198] LU X Z, JIANG J J, TENG J G, et al. Finite element simulation of debonding in FRP to concrete bonded joints[J]. Construction and Building Materials, 2006, 20(6): 412-424.

[199] ZHOU Y W, FAN Z H. Bond behavior of FRP-to-concrete interface under sulfate attack: An experimental study and modeling of bond degradation [J]. Construction and Building Materials, 2015, 85(3): 9-21.

[200] 任慧韬, 胡安妮, 姚谦峰. 湿热环境对 FRP 加固混凝土结构耐久性能的影响[J].哈尔滨工业大学学报,2006, 38(11):1996-1999.

[201] NEUBAUER U, ROSTASY F S. Bond failure of concrete fiber reinforced polymer plates at inclined cracks-experiments and fracture mechanics model[C]// Proceedings of 4th International Symposium on Fiber Reinforced Polymer Reinforcement for Reinforced Concrete Structures, Farmington Hills, 1999:369-382.

[202] MONTI M, RENZELLI M, LUCIANI P. FRP adhesion in uncracked and cracked concrete zones[C]// Proceedings of 6th International Symposium on FRP Reinforcement for Concrete Structures, World Scientific Publications, Singapore, 2003:153-162.

[203] DAI J G, UEDA T. Local bond stress slip relations for FRP sheets-concrete interfaces[C]// Proceedings of 6th International Symposium on FRP Reinforcement for Concrete Structures World Scientific Publications, Singapore,2003:143-152.

[204] UEDA T, DAI J G, SATO Y. A nonlinear bond stress-slip relationship for FRP sheet-concrete interface [C]// Proceedings of International Symposium on Latest Achievement of Technology and Research on Retrofitting Concrete structures. Kyoto, Japan, 2003: 113-120.

[205] POPOVICS S. A numerical approach to the complete stress-strain curve of concrete[J]. Cement & Concrete Research, 1973, 3(5): 583-599.

[206] NAKABA K, TOSHIYUKI K, TOMOKI F, et al. Bond behavior between fiber-reinforced polymer laminates and concrete[J]. ACI Structural Journal,2001,98(3):359-367.

[207] SAVIOA M, FARRACUTI B, MAZZOTTI C. Non-linear bond-slip law for FRP-concrete interface[C]//Proceedings of 6th International Symposium on FRP Reinforcement for Concrete Structures World Scientific Publications, Singapore, 2003: 163-172.